U0015121

PURPOSE

The extraordinary benefits of focusing on what matters most

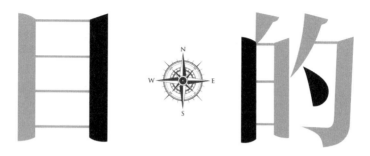

目 的

如何讓目的更明確，

成為人生與組織最重要的驅動力

班恩・倫索
Ben Renshaw

陳重亨 譯

目的，你人生最重要的為什麼

「你的人生目的何在？」這大概是我們每個人都要問自己最重要的問題，而你的答案就會影響你的未來。但是要釐清這個問題並不容易。我們常常以為，「目的」和成就大小有關，和財富積累多寡或社會地位高低有關。這可就大錯特錯，且與事實相距無敵遠。其實，你自己的目的，就是你心中的指南針，是你的生命熱情與天賦才能的交匯點，也正是驅動你熱情與才能的重大原因。當你明確掌握自己的目的，才能感受到那種心流神馳的感覺。在當今複雜難測的世界中，只有確切把握目的，才得釋放那些必要的技能，才有機會茁壯成長。你的個人目的，就是你人生的最終理由，是你深摯信念之所在。這個目的會塑造你的心靈、決定你的行為、促發你的行動。這個目的可以經歷時間考驗，日新又新，不受環境因素的拘束阻礙。目的，是你人生的意義和方向，而這本《目的》，正是你探索、發現和前進的指導手冊。

目錄

第1章　「目的」決定未來

第 2 章　發現「目的」之旅

第 3 章 建立「目的」心態

第 4 章 「目的」技能包

推薦序
確認「目的」，
才能讓人生不再懊悔

詹益鑑，BioHub Taiwan 助理執行長

　　身為連續創業者與早期投資人，也長期跟創業者、經理人、企業主互動的生態系參與者，這是一本很有意思也很實用的書，但卻不容易推薦。

　　不容易不是因為不值得推薦，而是因為這不是一本講道理或說故事的書籍，而是一本檢視人生、設定目標與具體實踐的工具書，甚至可說是一套「生涯教練（Life Coach）」的完整課程。與其說是成功學或管理學，更適合放在「教育訓練」或「心智鍛鍊」的分類。

　　在分享我自己的心得之前，不知道讀者們有沒有看過一部電影《命運好好玩》（Click）？其實多數人在求學到就業階段，或者從青年邁向中年甚至老年，多半處於半自動

導航模式，希望那些讓人不耐煩的事情都能加速快轉，只希望享受功成名就，給自己跟家人更好的生活。

但在我們心想著這一切都是為了家人的同時，卻往往讓學業跟工作占據了多數時間，等到想陪伴家人或者實現夢想的時候，才發現失去了家庭與健康，還有再也無法倒轉的時間。

對於不希望人生到頭只是充滿懊悔的人，本書提供非常完整的解答與實踐步驟。舉例來說，作者教我們如何反轉「擁有條件、採取行動、體現存在」順序，從成為那個你要變成的人開始，切實執行就自然擁有期望的條件。

以我自己來說，因為很早就體認到生命無常，所以在走上創業這條路的同時，也開始鍛鍊身體、陪伴孩子成長，並培養閱讀、旅行與書寫的習慣。這些投資固然占了相當時間，平衡所有元素也相當不易，但反而讓我的每一天都很充實，生活也很多采多姿。

再換個角色，一年多來在目前單位擔任主管，我很清楚職責不單只是做好招商工作，更要扮演塑造願景、帶領團隊、激勵同仁的角色。當初邀請我的主管給了非常明確的期待與使命：「讓我們一起創造歷史（We are making history）」，這也成為所有同仁一起努力的「目的」。

身為父母與兼職教師，我看到非常多的孩子在進入中學與大學後，因為缺乏學習成就動機與明確目標，成為「無動力世代」。即便在創業圈，我也看過許多人為創業而創業，沒有仔細審視自己的人生目標，更對於如何成為更好的老闆、主管，創造真正有價值的組織與企業，沒有答案。

而這本書，就是給所有迷失在自動導航模式的你我。這本書不是拿來閱讀後放上書櫃，而是應該放在身邊隨時提醒、定期檢視的案頭書。在科技業世界我們常說：「唯有偏執狂能生存」，但無論工作或人生，除了努力，更重要的是方向。唯有認識自己、理解世界，我們才會走到自己該去的地方，並且發揮天賦、擁有夢想、實現願望。

推薦序
目的，讓組織更上一層樓

肯尼斯·巴爾（Keith Barr），洲際飯店集團執行長

　　洲際飯店集團（InterContinental Hotels Group PLC；IHG®）的「目的」，就是殷勤好客、熱誠地服務大家。這是我們所有員工的共同目標，也是本集團所有品牌一貫的承諾。身為集團執行長，得以領導這個「目的領導」的組織，並見證此信念對於集團的長遠成功貢獻厥偉，實在是莫大光榮。「目的」創造出洲際飯店集團的企業文化，對團隊成員，不管是在服務客人、與同業及夥伴的合作或連結飯店所在社區等方面，都能提供規範、指導和激勵。在個人生活上，「目的」明確也一樣重要。在工作上我和班恩合作多年，他在指導資深主管以目的領導的培訓上扮演重要角色。這本《目的》正是為追求更上一層意義、提升績效並加速成長的人而寫。

「目的」推薦

人有目的，才有策略，沒有目的，沒有策略；目的不同，策略就不同。我自己就是上述警語的實行者。

為了想要賺錢，我選擇做業務工作；為了想要顧及業務與家庭，我選擇可以休六、日的業務工作；為了不想一輩子做業務工作，我選擇挑戰外商業務主管的高難度又煩人的工作。

38 歲離職創業，我很清楚自己的人生將走向自律加上自由與自主兼顧型態的「三自」工作，五十歲以後的我，已經不再為金錢工作，將選擇挑戰更高領域的自我實現。

我的抉擇邏輯只有兩個：

1. 人多的地方不要去，千萬不要隨波逐流。
2. 你一定能找到屬於你、獨一無二的人生目的。

——講師、作家、主持人　謝文憲

我身邊有許多創業成功的朋友，我發現這些成功的創業家，都是找到自身目的，帶著使命，將職業變成志業的

人，他們都行走在自己的天命之中。相反的，我也認識許多汲汲營營求取名利的朋友，哪裡有錢賺就往哪裡去，就像是開著計程車一般，永遠沒有自己的目的與方向，最終鬱鬱寡歡一事無成。我發現這兩者之間的差別，在於能否明確定義出自己的「目的」。

我人生中最幸運的事情就是我很早就定義出自己的人生目的：「幫助人們自主創造健康」！這個目的成為我生命的核心，指引著我所有的行動，賦予我生命意義，讓我的生活與工作更有熱情。

如果你也想找到生命熱情與天賦才能的交匯點，誠摯的推薦你這本好書。找到你的目的，會讓你的生命充滿意義，無論是個人的快樂、事業的成就、家庭的美滿，都將隨之而來。

——脊椎保健達人／身體智慧有限公司執行長　鄭雲龍

前言
我的目的追尋之旅

　　我小時候在世界聞名的曼紐因音樂學院（Yehudi
Menuhin School）苦練小提琴，準備日後成為專業演奏家。
在那間坐落英國鄉間、風景十分優美的音樂學校裡頭，我
每天早上虔誠地六點起床，還沒吃早餐就開始練琴；那時
候我才八歲。之後的十二年我就是這樣每天練琴，後來也
去過中國、印度、美國和歐洲各地舉辦音樂會。儘管我在
小提琴方面很有才華，大大小小的比賽也都能拿到好成
績，我還是覺得裡頭少了一些什麼。我覺得自己很不快
樂，也不想追求什麼音樂生涯。

　　後來我到英國倫敦的市政廳音樂及戲劇學院（The
Guildhall School of Music and Drama）展開為期四年的演奏
家訓練。才剛開始幾個禮拜，我突然有了領悟，知道音樂
專業其實並不適合我。我發現自己欠缺足夠的熱情，把音

樂當做是自己的一生。我不想全身心地投入，把所有的時間和精力都奉獻給音樂。我並不想竭盡全力，只為了成為最好的小提琴家。這時候我才意識到，我缺少的就是一個讓自己可以信服的明確目的。我不知道自己何以苦苦練琴，也不知道這一切的付出對自己到底有什麼意義。

　　這個頓悟讓我非常痛苦。為了成為偉大小琴家，我從小至今的辛苦付出全都白費了。但同時，我又感到一絲平靜。雖然不知道接下來會是什麼狀況，但我知道第一步就是先停止那些沒有用的事。接著，我開始了一段自我發現的個人旅程，確認自己真正想做什麼、真正喜愛什麼，希望找到自己願意真誠投入、熱烈追尋的初衷。經過相當深入的心靈探索，最後歸結到一個點：人。我發現自己在音樂方面領略到的樂趣，都是跟「人」有關。我喜歡跟其他的音樂家一起演奏，喜歡跟觀眾一起互動。我發現自己的生活樂趣，來自人際上的關係和互動，以及探索其中的種種複雜奧妙之處。

　　因為執迷探索人際關係，我開始考慮要多讀點書，以後當個心理學家。正當我準備進大學研習心理學時，我那個上過「自我發展」課程的姑媽把我拉進這個領域。我由

是展開了一段旅程，專注在人際關係、幸福生活、事業成功的領域，最後進入「領導統御」的世界。

2007 年，洲際飯店集團邀我一起設計「高階領導發展計畫」課程並提供訓練。洲際是領先全球的飯店集團，遍布在全球近一百個國家，員工人數超過三十五萬人，組織目標是「客人熱愛的偉大飯店」（Great Hotels Guests Love®）。這套訓練課程是由當時的集團執行長安迪・科斯萊特（Andy Cosslett）全力推動，由我跟當時的集團人力資源總監崔西・羅賓斯（Tracy Robbins）一起設計安排，取名為「目的領導」（Leading with Purpose）。接下來的十幾年，我有幸在亞洲、中東、印度、澳洲、美國和歐洲等地，指導洲際飯店一千多位高階主管，讓他們理解和掌握「目的」的重要意義。

我在洲際飯店集團做出好成績以後，很快就有機會在許多大型機構，包括航空、銀行、快速消費品（FMCG）、法律、製造、零售和技術等產業施展身手，向幾十個企業主管和團隊傳授目的領導。我的經驗讓大家認識到，不管是個人或組織，除非他們知道自己的目的，且身體力行地朝著目的前進，否則實現潛力的可能將極為有限。「目的」

掌握目的，才能掌握人生

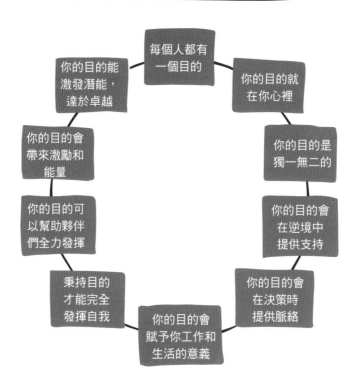

每個人都有一個目的

你的目的就在你心裡

你的目的能激發潛能，達於卓越

你的目的是獨一無二的

你的目的會帶來激勵和能量

你的目的會在逆境中提供支持

你的目的可以幫助夥伴們全力發揮

你的目的會在決策時提供脈絡

秉持目的才能完全發揮自我

你的目的會賦予你工作和生活的意義

正是人生意義的催化劑，是讓團隊緊密結合在一起的快乾膠，也是鼓舞組織得以勝出的關鍵。

只要能把目的和領導結合在一起，我相信每個人都會是優秀的領導者，不管是在組織中正式扮演領導者的角色，或者只是為了充分掌握個人生活。每個人都需要解決的重要問題是：你自己是什麼樣的人？我認為這是我們每個人都要面對的問題。蘇格拉底曾經明智地說過：「在搞懂自己之前就妄想了解那些晦澀難懂的事情，那就太可笑了。」蘇格拉底的哲學理念正是以「認識自己」為核心，充滿熱情地探索個人的存在與身分。

明確目的就可以讓你我了解自己是誰，因為它會是你真正自我的本質。搞清楚自己的目的並依循前進，就是了解自己為何追求，要朝向何方、如何前進的基本要素，也才能理解自身存在的複雜性。

這本書就是我在「目的領導」的發現與心得的精華提煉，應用以下各章的見解，每個人的領導力和生活都會獲得提升與改善。

2018 年于倫敦

第 1 章

「目的」決定未來

1.「目的」就是你存在的理由

目的是激勵生存的理由，能喚起行動，振聾發瞶。

———————

　　你自己的目的，是你存在的理由：人生即是為此。為你的人生帶來意義、方向和啟示的，就是這個「目的」。這是一種深刻的認識，能讓你了解真實的自己。如果你遵循這個目的，也能確保自己蓬勃發展，充分發揮潛能，達到最佳自我。我相信在你的一生中，發現自己的「目的」會是最重要的一部分。遵循這個目的前進，你的人生才有喜悅。

　　要發現自己的目的，必須先放寬心胸，真正願意專注在生活中的高峰經驗（peak experiences）。當你擁有目的時，正是處於最佳狀態；當你遵循目的前進，才能讓心流

神馳順流而行；秉持自己的目的，就會受到鼓舞和啟發。回顧生命中最閃亮的時刻，發現它們對你的意義，就能找到那些對你最珍貴的關鍵主旨，例如提升自我、增加價值和創造可能性。繼續深入探索它們為何對你如此重要，你就會找到自己人生大哉問的本質，也就是個人目的之核心。

我們生活在混亂不安的時代：致命恐攻層出不窮、極端氣候為害全球、大量移民帶來國內問題、網路安全十足堪慮、經濟不平等、社會兩極化、假新聞滿天飛……真是說也說不完。在這種動盪不安的時候，我們要怎麼保持理智？要走向哪一條路？可以相信誰呢？又應該採取什麼行動？

今日，連結世界的起點就是要透過目的。臉書創辦人馬克‧祖克伯（Mark Zuckerberg）在哈佛大學畢業典禮上曾明智地指出：「我們這一代的努力能否連接更多人、更多事，能否把握住最大的機會，關鍵都在於此：搭建社群的能力，創造出一個人人都有使命感的世界。」

現在正是各位找到自己目的之時。找到自己的目的，並學會運用在個人、領導統御、團隊、組織和社會等各方面，對於駕御世界的不確定性至關重要。

我記得，那是在千禧年即將到來之前的那個冬天，我跟我太太維諾妮卡回到她的故鄉紐西蘭。我們待在最喜歡的皮哈海灘，位處北島西海岸，距奧克蘭四十公里的衝浪勝地。那時候我們已經結婚好幾年了。當我們正在沙灘上散步時，維諾妮卡突然對我說，她想要生孩子，建立一個完整的家庭。我的直接反應是回答說：「我會忙不過來啊。」後來雙方的對話就不太順利，但她還是溫和又堅定地告訴我，不管有沒有我的支持，她都要開始建立一個完整的家庭！這時候，就是我探索靈魂、尋找根源的時刻了。

　　我回顧過往，才發現自己不想要孩子的主要原因，竟然是因為我爸爸以前曾經說過不想要有小孩。這在我家是當個笑話在說。姊姊跟我出生的時候，爸爸正在攻讀博士班，對那個象牙塔充滿熱情，正為日後進入教育界擔任大學教授努力奮鬥。也許我就是把這件事情埋在心底，也開始以為自己如果能夠在事業上取得成功，又何必在乎有沒有小孩？那些小傢伙難道不會妨礙你追求雄心壯志嗎？

　　回到倫敦以後，我打電話給爸爸，想跟他見面好好聊一聊。我們約在當地一家餐館，我向他傾訴老婆想生孩子的困擾，希望知道他對這件事情有什麼看法。然而他的回

答卻讓我非常驚訝！他說，決定養育我們兩姊弟是他做過最好的事情。儘管他工作忙碌，家人還是永遠擺在第一位。

找尋「個人目的」，就是找尋真相的過程。我一直都是個探索者，一直想知道何謂現實、何謂是真實。我總是在問「為什麼」。了解我爸爸對孩子的看法，讓我也能更深入了解自己建立家庭的真相。我意識到，努力建立自己的家庭才是我的真實，而十七年後我擁有三個超讚的孩子，如今已無法想像沒有他們生活會是如何。那時候要是沒有即刻把握住自己的目的，現在想必是完全不同的故事。

我現在已經確定，秉持目的過生活會有許多重大好處，如下頁圖所示，這些好處我們都將在本章逐一探討。

目的之好處

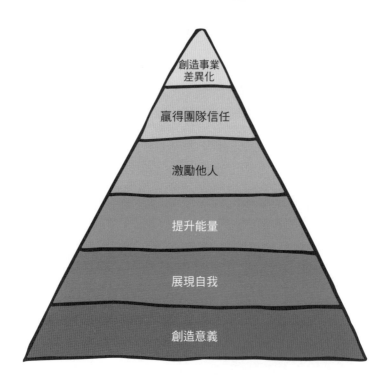

創造事業
差異化

贏得團隊信任

激勵他人

提升能量

展現自我

創造意義

2. 創造意義

意義提供進化、克服障礙和發揮潛力的理由

────────────

你的工作、生活、人際關係和領導力有什麼意義？這是一個需要認真回答的嚴肅問題。我的經驗顯示，你一旦能夠明確自己目的何在，就會明白自己生活的方方面面到底有什麼意義。這個「目的」正是你要認真面對的重大「為什麼」，它會告訴你所作所為有什麼意義，你為何做出這樣、那樣的選擇，以及你所寶貴珍視的事物意義何在。

從表面上來看，蘇珊已經擁有一切。結婚二十五年，家庭圓滿，擁有三個孩子，在前景蓬勃的產業中擔任企業

執行長，但她還是覺得不夠充實。她懷疑自己為何如此汲汲營營，不惜犧牲自己的幸福也想要成為「神力女強人」。我接到她的電話時，她幾乎已經快要放棄這一切。我給蘇珊的建議是，在改變外在環境之前，先專注於內在改變（我通常都會如此建議）。後來我們了解她的背景後，也越來越清楚地知道，她從小追隨她最崇拜的父親的腳步，朝著阻力最小的方向走。結果現在雖然過著極好的生活，卻犧牲了真實自我。再更深入了解才發現，衝突的核心就在於她並不知道自己所作所為的意義何在。最後的結果是，蘇珊必須先找到自己的目的，找到對自己最重要的東西，才能改變這一切。

我對「目的」的探索讓我注意到維克多‧弗蘭克（Victor Frankl）的學說，他是著名的維也納學派心理分析師，在二戰中僥倖逃過一劫。在找尋意義的過程中，我從弗蘭克的作品學到一些最深刻的理念。他在戰爭期間輾轉七個集中營，飽嚐痛苦折磨，其中包括恐怖的奧許維茲（Auschwitz）。因為他受過精神醫學的專業訓練，所以得以

觀察出自己和其他難友能否在集中營存活下來的不同。他注意到那些安慰別人、願意放棄最後一塊麵包給予難友的人反而活得最久。那段痛苦經歷向他證明，我們擁有的一切都是身外之物，別人都能奪走，但不管身處任何環境之下，我們都能選擇自己要以什麼樣的態度來面對。他發現，被囚禁之人最後會變成什麼樣子，並不只是集中營環境的影響，更是本身心裡的內在決定。弗蘭克因此認為，我們人最深切的欲望，其實是尋找意義和目的。

意義和目的會在我們的心裡相互連結。意義是我們試圖傳達出的什麼，是特定重要事物的內涵。如果欠缺意義，我們就會懷疑、會有不確定感，我們不能肯定自己為什麼那麼做，無法理解原因何在。一旦把握到意義，我們就能明確清楚，擁有信念，知道什麼是正確的，並掌握威力強大的原因。讓許多心理醫師感到非常難以理解的德國哲學家兼文化評論家尼采，從研究獲得的重要結論是：「知道自己為何而活，才能承受一切橫逆。」

在我寫下這些話時，我們剛剛經歷過近代史上最激烈狂熱的時期。我相信，要順利度過這些人類的悲劇，必先理解它的來龍去脈，才能找到解決的辦法。而每個人都會

以自己的方式、在合適的時間做到這一點。雖然那些殘酷暴行不是我們所能掌控，但找出周遭事物意義何在，是我們有能力做到的。

────────

後來我們在蘇珊的訓練課程中探索她的目的，發現「鼓勵他人邁向卓越」對她很重要。所以我鼓勵蘇珊每天在生活中和領導之際把握住這個目的，看看會發生什麼好事。

作為一個媽媽，這個目的給她和孩子們一個相互連結的參考點。她不再把自己當成孩子的司機或糾察隊長，不只是被動地規定孩子把該做的事情做完，而是專注地鼓勵他們把事情做得更好、更棒，因此她能以不同於過往的方式陪伴在孩子身邊。她也變得更加好奇，想要真正去理解他們的希望和恐懼。她因此培養出更多耐心，更專注地傾聽，感受到過去欠缺的深層聯繫。作為公司的領導者，她不再只是專注於達成目標，而是創造出一個更好的工作環境，讓每一位員工都有機會做有意義的工作和獲得成長。蘇珊的目的讓她想要去幫助他人，指導那些有心之人建立

大事業和美好生活。

　　因為專注於創造有意義的生活，蘇珊發現了自己內在的目的。由於理解自己的工作、生活和人際關係，蘇珊獲得更高層次的滿足和成功。

3. 定義身分

了解自己是誰，才是獲得真知

————————

我們總是在考慮自己要花費多少時間、精力和努力，來積累知識、技能和經驗，卻不願投入時間和努力來了解自己。這實在讓我很困惑。比方說，我看著自己的孩子長大（這時候我女兒十六歲，兩個兒子分別是十二歲和八歲），看到他們在學習掌控如社會、文化和教育等這些具強大影響力的因素，掙扎於自己的身分認同。作為一個教育工作者，我最看不過去的就是他們的學校教育，花費無數的時間只是在學習一些事實和數字。我當然明白發展認知能力的必要，學習如何學習及提升解決問題能力的價值。但那些知識現在只要點一下滑鼠就能獲得，過去大家

強調的是填鴨知識的多寡，但現在應該轉個方向，專注在如何以有意義的方式來加以運用，而這也會反過來影響我們如何看待自己。

　　我最近開始為一位重要客戶傳授一套領導發展課程，名為「領導永續成長」（Leading Sustainable Growth）。該公司的人資主管認為，要達成永續成長，必須是每個員工都能展現出真實自我，而且對公司有歸屬感，因此提議主辦這個課程。

　　除了訓練課程之外，為了幫助高階主管學員更深入了解自己的身分，該公司還邀請一位演說者維琪‧畢勤（Vicky Beeching）來分享她的故事。維琪是一位作家、廣播工作者和主題演說家，她的人生故事非常精彩。她二十幾歲的時候就已經是美國中西部「聖經地帶」（Bible Belt）著名的宗教歌手兼詞曲創作者，卻在 2014 年她三十五歲時突然公開出櫃，承認自己是個同性戀者，讓各地教會十分震驚。她當時會這麼做，是因為一場嚴重的自體免疫系統疾病所致：她自己的細胞正在攻擊自己的身體，讓

她感到這簡直就是她的信仰和性傾向相互排斥的最佳寫照。

公開出櫃讓維琪失去教會音樂的職業生涯。但因為有自己這一番經歷，現在她努力在企業界推動多元和包容，提倡工作場所的性平理念。她在主題演講中分享自己的故事，或透過一對一的指導來開發多元包容的觀念，如今這些任務已經成為她工作中的重要部分。她也非常注重工作場域的心理健康，鼓勵大家要更加開放，她說自己過去的經歷充滿抑鬱和焦慮，但我們儘管遭遇如此種種掙扎，大多數還是可以獲得成功的職業生涯。她對身分的訊息很明確：「真實地展現自我，讓每個人在工作方面都能達到雙贏的境界。個人層面上，大家會更快樂、更健康；對公司而言，生產力和員工留任率都見提升。」

了解自己的目的，正是確認身分的重點。知道自己是誰、自己立場何在以及自己與眾不同之處，這些都跟個人的目的大有關係。我認為我的自我身分中最重要的一部分，就是智慧。我珍惜別人的智慧，欽佩那些努力發展自我智慧的人。我希望自己在別人眼中也是個有智慧之人，

這對我來說是極大的鼓舞，會讓我成為最好的人。不過有沒有智慧，可不是自己說了算，而是需要得到他人的認可。

在忙碌的一年告終之際，我曾受客戶邀請，參加他們的年終慶祝活動。那天的晚會是以中世紀為主題，壯觀大廳布置得古色古香。走近餐桌時，我看到每個人的座位前都放著一塊牌子。我位子前的牌子是：「知識的根源」。短短一句話讓我有極深的感觸。我非常重視的客戶認為我是個有智慧的人，這才真正是成功的標誌，證明我的身分獲得他人的認可。

現在我也要問你這個問題，你是誰？在你思考答案時，請試著確認自己的真實身分。這個身分只有你自己可以決定，而你的答案也將會為生活帶來新的可能性。

4. 展現自我

把握住目的，你才會更加貼近真實自我

——————————

現今，身為領導者最受人欽佩讚賞的品德，就是誠實可靠。《哈佛商業評論》（*Harvard Business Review*）雜誌最近也說：「誠實可靠已經成為領導力的黃金標準。」誠實可靠說到底，就是不虛不偽地「展現自我」。但困難在於，要展現自我，你必須先了解自己；而這就是你的目的之核心。如果不先了解自己的目的，你就難以展現自我，因為你根本不知道自己是什麼樣子。

自我的真實性，共有五個關鍵（如右頁圖所示），充分掌握後會讓你擁有更佳技能。

自我的真實性

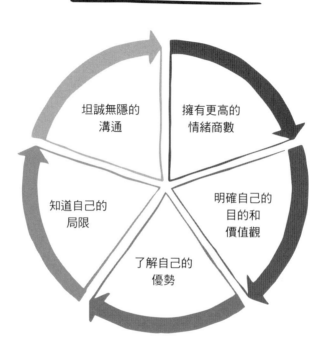

1. 擁有更高的情緒商數

「情緒商數」（emotional intelligence；EQ）這個詞，最早是由麥克‧貝多赫（Michael Beldoch）在 1964 年的論文提出，1995 年丹尼爾‧高曼（Daniel Goleman）出版了一本書就叫做《EQ》，從此廣為人知。情緒商數主要可分成四個部分：一、自我意識；二、自我管理；三、社會意識；四、社交技巧。

約翰是一家大企業的高階主管。他擁有許多超強技能，在交易買賣、經營管理、品牌行銷和財務操控上都具備豐富經驗，這些職位都很適合他。公司的人力資源總監找我過去主持一項訪談回饋調查，董事會將根據這些資料來決定他的升遷。我跟許多利害關係人談過之後，發現大家雖然都很肯定約翰的專業能力，但同時也覺得他不夠坦誠：眼中的約翰只是他每天表現出來的表象，大家根本不曉得他到底是怎樣的人。

當我告訴約翰回饋調查的結果時，他非常驚訝，覺得自己並不像大家所說的那樣，而且反應激烈地為自己辯

駁，說別人不能理解不是他的錯，他們應該試著學習更深入的解讀。我擔任諮詢顧問已久，對於這種激烈反應早就司空見慣，所以我建議他花點時間反省一下，也跟家人談一談這個狀況。隔天一早我就接到約翰的訊息，他說昨晚吃晚飯時，詢問家人覺得他是否坦誠。當他發現家人的看法也跟回饋調查結果一樣時，給了他很大的警惕。尤其當他十五歲的女兒很直白地說：「爸爸，我知道你愛我，可是你從來不會表現出來。我都不記得你上一次說愛我、靜靜聽我說話是什麼時候了。」

約翰原本並未意識到這種看法，即是欠缺「自我意識」的第一個指標，也就是缺乏準確評估個人影響的能力。他也了解到，這表示他對自我的管理太差，才會讓他永遠那麼忙碌，忙到沒時間陪伴自己生命中的寶貴家人。她女兒的話也揭露出一個事實，就是他不像自己所想的那麼富有同情心。他沒能力跟她進行情感交流，才是父女間真正隔閡的原因。最後約翰發現，自己可以運用一些社交技巧來做點改善，因為他都沒有依照自己想要的方式跟大家好好溝通。

通過諸如回饋調查的過程，許多領導人會發現到，自己雖然具備高智商，可是低情商。如果情緒商數太低，我們就沒有足夠的自我意識來知道自己是否表現出真實自我，也不知道自己在人際關係上的表現如何。除非把握住自己的基本動機，否則我們不會有很高的自我意識、妥善地管理自我，也無法和他人產生深度連結及溝通。

2. 明確自己的目的和價值觀

對於你的目的和價值觀，我們未來會深入討論，在此先不贅言。各位只須先了解，我們必須認清自己的目的和價值，並遵循不悖，才能夠展現出真實自我。

3. 了解自己的優勢

你的優勢就是你的天賦和技能，也就是領導統御專家赫內．卡雷耀（René Carayol）在其同名著作中所說的「SPIKE」（Strengths Positively Identified Kick-start Excellence：積極確認的起始卓越優勢）。你的優勢就是你最擅長的事情，例如具備創造力、影響力、善於建議、聯繫或組織。當你開始發揮自己的優勢時，也是在展示真實

的自我，這是一種如魚得水、心流神馳且充滿能量的體驗。探討優勢發揮的開創性著作《尋找優勢二‧〇》（*Strengths Finder 2.0*）的作者湯姆‧雷斯（Tom Rath）也強調發揮優勢和展現真實自我大有關係，因為「會讓你更加貼近原本模樣」，我喜歡這個詮釋。

4. 知道自己的局限

優勢的反面就是你的局限。

有一次我在某公司進行高級銷售人員的培訓。保羅在人際溝通上具備驚人能力，他知道客戶要的是什麼，並提供超越職責所需的豐富服務。為大家服務，他幹得最為起勁，所以他每個月在公司的業績都是最好。但他每個月要跟老闆對帳，那兩個晚上總是讓他煩惱得睡不著。後來我們就此進行深入了解，試圖找出為何他會如此困擾的原因。結果發現，保羅最害怕的就是在處理財務數字時顯得笨拙。

我們挖掘這個恐懼的根源，保羅想起以前在學校有個「輔導」老師說他很笨，讓他至今耿耿於懷。後來我們採

取了一些務實的方法來改善這個情況。我先鼓勵保羅測試智商。有很多高階主管必須通過的心理測驗，他都想方設法地躲開，這實在是個奇蹟啊！但就算他的智商真的很低，也必須去面對這個莫大恐懼。所以他上網測試，結果他的智商其實比平均水準還高。接下來，我找到保羅的直屬上司，打聽他們每月財報會議進行的情況以便評估。保羅的經理其實已經知道他偶爾會緊張失常，考量到他的業績一向名列前茅，經理也覺得很納悶。後來保羅跟經理說明他對笨拙表現的恐懼，這讓他們在日後的會議上更能緊密合作，保羅也從此可以安心睡覺不再煩惱。

———

重要的是要知道自己的局限，而不是浪費生命去擔心害怕，或想方設法去修補。試圖修補通常只能獲得很小的改善，卻讓你在那個過程中精疲力竭。尤其是對領導者來說，關鍵在於讓自己身邊有一群可以跟你相互支援、形成互補的人才，必要的時候他們就能發揮出你所沒有的優勢，你就不會因為自己的弱點搞得焦頭爛額。

5. 坦誠無隱的溝通

與人溝通時坦誠無隱，這正是你真實自我的證明。

因為晉升為高級主管，珍妮正在準備對資深團隊發表上任後的第一次演說。她在財務金融方面具備深厚背景，所以團隊成員都以為她一定是要嘮叨業績和數字。我跟珍妮坐下來討論，她希望這個重要時刻可以獲得什麼結果。當她說到「啟發」時，我很驚訝。她希望團隊可以從她的任命獲得啟發，並對未來充滿能量。我問她準備說些什麼，果然她是想談談一些財務數字。但這樣並不會產生她想要的結果，所以我請她再想想，怎麼做才能達到效果。我請珍妮回想一下，在她自己職業生涯中有誰曾經給她啟發，以及為什麼。她想起幾位過去曾經追隨過的主管，他們都有一個共同點：開誠布公的溝通。他們適當展現自己脆弱，又能以謙虛、幽默的態度與人連結。這些就是可以博得大家信任的特質。

考慮到這一點，珍妮決定發表一場直言無隱，坦承不諱的演說，讓團隊成員進入她的世界。她告訴大家自己學

習領導的過程。她爸爸以前是軍人，所以她每一兩年就會隨著父親移防而搬家。在她十八歲之前，珍妮住過十四個不同的地方，就讀過八所不同的學校。她因此學會了獨立，讓自己可以適應不斷改變的環境。這表示她可能會變得冷漠，跟大家疏遠。但事實並非如此。當朋友們與珍妮熟識後，發現她其實非常忠誠，只是跟她真正親近的人也不算太多。珍妮從十六歲就開始工作，在餐館擔任服務生。從那之後，她每天都很努力。她喜歡工作帶來的自由，也塑造出大多數人難以仿效的堅韌職業道德。當第一個孩子出生後，珍妮罹患產後憂鬱症。這件事她從未對公司的人說過，但公司當時十分關注員工的心理健康，她希望自己可以做個好榜樣，告訴大家儘管遭遇心理健康上的挑戰，還是可以取得成功。對於這樣的自剖，團隊的回應是熱烈讚揚珍妮的坦誠。他們沒有想到她會如此開放，並對她直言不諱談到自己的難堪極為嘉許。大家對她的信任就是如此建立起來，首次亮相即是坦誠開放，為團隊打下成功的基礎。

要做到真誠無隱，必須願意展現自己脆弱的一面，甘冒風險來展現自我。《哈佛商業評論》曾有一篇文章討論〈別人為什麼會服從你的領導〉（Why Should Anyone Be Led By You），作者羅伯‧葛菲（Rob Goffee）和蓋雷特‧瓊斯（Gareth Jones）的結論是：「展現自我，提升實力。」

5. 締造連結

在共享經濟中，產生連結最好的方式是透過目的

———————

　　目的建立人際關係，可以把個人和社區連結在一起。從領導的角度來看，所謂的領導其實就是人際關係。沒有人際關係，哪來的追隨者。不過我們評估許多領導者時，會發現他們的人際技巧卻是異常低落。

　　有一家公司曾請我去協助高階主管的訓練。該公司在市場上頗有地位，於服務產業深具發展空間。它是由一位富有遠見的企業家創辦，一路快速成長，但已經到了必須強化人才管道才得確保未來成功的重要階段。強化的起點，是要先了解目前公司領導者具備什麼特質。該公司原本是用人才評估工具來提供客觀考評，衡量領導者在溝

通、說服力、靈活性及員工發展等多方面的狀況。當人力資源總監告訴我考評結果時，我發現裡頭有點不對勁：大多數領導者在人際技能方面的得分都是最低。這些主管的智商都很高，也很有鬥志，但卻因此犧牲了與人連結的能力。這表示該公司在競爭激烈的服務產業中要持續成長，必定會面臨特殊的挑戰。

這種狀況並不少見。我合作過的企業大多數都曾碰上員工認同感方面的問題，諸如接班人的培養、溝通的透明度、多元與包容等。這些問題的根源都在於欠缺人際連結。對企業而言這真是棘手困境，公司的成功與否雖然主要是根據績效和成果來衡量，而非如何做到；但績效和成果終究靠的是人，而人際連結的力量正是其中的關鍵。

一旦你明確定義目的，就可以從不同角度來處理人際關係。比起把他人視為搞定工作的機制，目的會讓你以有意義的方式與之締造連結。

丹尼爾是我遇過最善於操控速度、專注目標的領導者之一。身為行銷部門長官，他以十分業務的手法來推動交

易和營運而聞名。因為績效卓越，公司派他前往中東領導杜拜某個成長區域的業務。丹尼爾接受這項任命，但以他那種事事一馬當先的快節奏風格，根本不曾充分考慮到不同文化對於開展業務的影響。

個人關係和互相信任是在中東做生意的關鍵，丹尼爾發現這方面讓他非常困擾。他過去在人際方面的技能，差不多只是見面打招呼的程度而已。他在當地的團隊成員有許多都是當地人，但他一到那兒就立即要求大家拓展業務，根本沒有投入足夠時間跟大家打好關係。

公司請我前去協助丹尼爾和他的團隊。我一開始的調查訪談，就發現團隊中的信任度明顯偏低，因為丹尼爾把績效擺在第一，而忽略了人際上的連結。他很誠懇地接納回饋意見，決定把團隊間的連結作為第一優先，然後才是客戶。我鼓勵丹尼爾開誠布公地跟團隊好好聊一聊，坦承自己未能適應文化，在某些方面搞錯重點。團隊成員都很欣賞他的坦誠，丹尼爾也承諾定期安排一對一會談，了解成員個人和職業生涯上的抱負，而不再只是尋常的業務報告而已。團隊的向心力明顯好轉，丹尼爾也發現建立人際連結與其目的完全一致，他說這是「為更美好的世界創造

更好的結果」。

─────────────

　　明確目的之莫大好處，就是它可以締造人際關係，成為人與社區連結在一起的黏合劑。我還沒碰過有人找到自己的目的，是想排除他人的；我也沒碰過已經制定核心目的之組織，只想藏著、掖著，不想讓別人知道。目的可以帶來團結，目的可以締造聯繫，目的就是連結。

6. 提升能量

能量具有傳染性

什麼東西會讓你充滿能量？什麼東西又會讓你能量萎靡？幾年前要是有人問我感覺如何，我都說：「好累啊！」這種回答可沒什麼好驕傲的，而且顯示我的生活已經出現嚴重的危險訊號。我與太太有三個小孩（我們對此都感到幸福）；但我還是要在世界各地跑來跑去，四處工作和寫書創作。這表示我不知道如何增加能量，才能再上一層樓。於是我先探索自己的能量來源，發現能量源頭來自幾個重要因素，包括運動鍛鍊、人際關係、學習，以及明確的目的感。我決定逐一釐清每項因素，以確保我能夠培養和維持能量。

我一直很喜歡運動。我注意到,有運動的日子反而精力更加充沛,但我並沒有天天去運動。我會找藉口偷懶,比如說太累了、時間太晚、天氣太冷,或者覺得自己沒時間。所以我下定決心,天天都要去運動,鍛鍊一下身體。從此這就成為日常不可妥協的一部分,我天天運動,也因此改變了生活。我也不是刻意勉強自己,但當我回家以後,就會帶著狗出去慢跑,或者出差途中上健身房,休假空閒時就去打網球消遣一下。結果我現在比幾年前更健康,而且更加活力充滿。

下一步是檢視自己的人際關係,找出哪些人能提升我的能量、哪些人不能。我做了一個決定,擺脫那些消耗心神的關係。我並不是半途而廢的人,碰上困難我會一直努力找到解決辦法。但我發現,有些人際關係如果進行不順,最好直接掉頭離開。除此之外,我決定尋找那些能夠讓我活力充滿的人,而且我決定多多親近他們。

在學習方面,我對學習的興趣一開始就被學校的正規教育澆熄,一直到我進入個人發展領域之後才重新點燃,如今對於學習的渴望持續飆升,已到了難以饜足的地步。一天沒學到一些什麼,那一整天全都浪費了。不管是企業

合夥人、父母、領導者、經理人、專業人士或者是生活上的其他任何角色，都該注重學習。

技藝超凡的網球名將費德勒（Roger Federer）就是終身學習的絕佳典範。對我而言，費德勒的打球風格、巡迴賽的傑出表現，身為四個孩子的父親，仍然能夠突破年齡限制，重登溫布頓寶座，都是因為他擁有非凡的學習動力，才能在運動場上揚名立萬，表現出最佳自我。當你把握目的，發揮優勢，投入許多時間去練習，你的能量才會開始流動，費德勒就是最有力的例子。

探索能量有以下四個關鍵：

1. 身體能量

你有什麼好習慣來滋養身體能量？你注重飲食嗎？睡眠品質如何？運動健身的效果如何？你必須具體投入，維持身體能量，才能表現出最好的自己。

2. 情緒能量

你對什麼充滿熱情？你的喜好是什麼？哪些事讓你快樂？心理神經免疫學（psychoneuroimmunology）的研究指出，情緒會影響我們的健康和精力。1985 年，喬治城大學的神經藥理學家甘達絲・伯特（Candace Pert）在大腦細胞

壁和免疫系統中發現神經肽接受體，而神經肽和神經傳導物質直接作用於免疫系統，表示它們跟情緒變化密切相關。因此正面情緒，諸如熱情、愛情和快樂都可以增強免疫系統，提升你的能量，而憤怒、焦慮、恐懼和憂鬱等負面情緒長時間作祟，也會消耗你的免疫力。

3. 智識能量

你專注力夠強嗎？是否熱愛學習？常常練習正念嗎？神經科學是個不斷擴展的領域，探索大腦的運作方式，許多發現令人振奮。證據顯示，我們的大腦非常柔軟，極具可塑性，它會自行生成新的神經路徑，持續提升智能。我們如果強化專注、多多學習，提高注意力，也會因此提升智識力量。

4. 精神能量

你的目的是什麼？你的價值觀是什麼？哪些事物會帶來激勵、啟發？專注在這些對你很重要的事物，就能增強精神能量，超越日常的挑戰。

作為領導者，你的基本責任就是激勵隊友，而不是當個吸血鬼，把別人的能量吸走！因此，想要在自己的生活和工作中高踞優勢，就必須好好掌握非常重要的身體、情緒、智識和精神四大能量。

7. 激勵啓發

接受啟發，啟發眾人

　　領導者最重要的角色就是要啟發、激勵大家，而這也是身為領導者最大的挑戰。為什麼？因為你要激勵他人，自己就要先受到激勵。我們都有受到激勵、啟發的時候，但要怎麼繼續保持在一種被激勵的狀態呢？這時候就要靠「目的」。緊密地與目的相連，它就會不斷地激勵你。它會讓你振作起來。碰到障礙、困難、干擾，它會讓你保持專注，不會因此偏離軌道。

　　自從 2008 年經濟衰退之後，小莫一直在領導銷售和

行銷部門。景氣遲緩影響到所有經濟部門，尤其是擔心二次衰退更使得情勢複雜。小莫要保住大家的工作，實在是個很大的挑戰。小莫把自己的目的定義為「創造機會」。所以她把每一次挫折都當做是更大的機會，因此她在日常逆境中也能奮戰不懈、堅持到底。

在經濟衰退最嚴重的時候，小莫在做任何決策時都必須把自己的目的放在最前頭。她找來團隊，向大家宣布她的目的，要求團隊一起督促她為創造機會負起責任。她知道，在大家猶豫遲疑的時候，她要拿出明確可見的領導力，她必須傾聽大家的心聲，持續不懈地進行溝通。小莫透過創造機會這個角度來看自己應該扮演的角色，她投入無數時間四處走動進行管理，並且不斷地與同事分享自己的願景，強化與大家的連結。她獲得的回饋和反應也讓她感到溫暖。她透過減少工時和任務分攤，讓同事們在工作上顯得更靈活、更有彈性，結果沒有人被裁員，而且在那段艱困時期，公司的向心力明顯提高。在逆境中小莫緊緊追隨她的目的，不但自己受到鼓舞，也提升大家的士氣。因為她在工作上非常成功，公司的執行長注意到這一點，也迅速地提拔她擔任更高職位，一起協助公司度過難關。

英國皇家特許管理協會（Chartered Management Institute）和迪蒙斯智庫（Demos）對近兩千位經理人進行調查，顯示英國組織領導人在激勵啟發的表現：大多數受訪者（55%）對於領導最重視的就是「激勵能力」；11%受訪者也表示確實看到領導者身上的「激勵能力」。

這項調查結果凸顯激勵領導的六個基本要素：

1. 真心誠意地關心

2. 讓每個人都能參與其中

3. 不吝讚賞

4. 確保工作充滿樂趣

5. 表現出真正的信任

6. 傾聽同事的意見

對於這六個要素，各位想一想是否經常都能做到？有一次我在某組織進行改善領導品質的培訓，我特別強調要給予團隊成員激勵和啟發。為期兩天的會議非常成功，我們一起重新確認公司的目的、價值觀和領導架構，幾乎每個人回到工作崗位後都感受到全新的活力。其中有一位資

深主管並不相信這一套，還以迂迴曲折的方式破壞同事的信任。這傢伙或許過去也是這麼難搞，但是大家學會激勵領導六要素以後，很快便挺身而出，反對他的破壞意圖，壓制這種行為。

大衛・麥可里奧（David MacLeod）和妮塔・克拉克（Nita Clarke）在其「為成功而努力：加強員工參與以提升績效」的報告指出，強化員工參與會帶來絕佳成果：

• 生產力提高 8％
• 利潤率提高 16％
• 營收增加 19％
• 每股盈餘（EPS）成長 2.6 倍
• 客戶支持率提高 12％
• 員工病休日數減少 50％
• 離職率降低 87％

如果領導者的激勵和啟發可以帶來這些成果，你當然也要培養自己的激勵能力。但這並非要你突然間變成偉大的演說家或展現超凡的人格魅力，而是必須秉持目的領導，才能激勵自己也激勵大家。

8. 贏得團隊信任

成為偉大團隊的一員就幾乎無所不能

高績效團隊的關鍵基礎在於方向感明確，而方向感的核心是令人信賴的目的。目的就是團隊存在的理由，是指引團隊的北極星。團隊成員平時必須應付各種需求，東奔西跑達成各自目標、服務客戶、滿足股東、協同工作、培養才能和面對許多各式各樣的要求，擁有強烈目的感才會讓他們團結在一起，方向一致。

我有幸指導的最佳團隊之一，是倫敦希斯洛機場第二航站（T2）的領導團隊，他們必須在法定預算下（二十四

億英鎊）準時（2014 年 6 月 4 日）啟用「女王航站」（The Queen's Terminal）。團隊領導人是布萊恩・伍德海（Brian Woodhead），其實在他擔任那個職位之前，我就指導過他好幾年。他在商業和管理方面都極有素養，非常清楚自己需要什麼。他很了解自己的目的，他說是「做到極致」。領導第二航站營運團隊，當然正是發揮極至潛力的好機會！

布萊恩的老闆當時指派給他的是一個矩陣式團隊（matrix team），必須跨越組織部門的限制，達到協同作業才有可能成功，這在希斯洛機場可算是史上頭一遭。第二航站的領導團隊總共由十三位主管組成，其中只有兩位算是布萊恩的直接部屬，其餘只是行政相關的間接隸屬關係。有幾個成員過去其實算是布萊恩的同輩，所以在這個當時相當講究層級關係的組織裡，馬上就是個問題。

當布萊恩接任執行長時，由於期限已近，壓力持續升高，大家已經開始焦頭爛額。我們討論該怎麼處理最好，布萊恩決定把團隊找來開會，一起探討團隊存在的原因，確定他們的共同目的。一開始，大家實在是緊張得不得了。有些人覺得開這種會議只是在浪費時間，平常的日程

安排已經忙到快成無頭蒼蠅了，還要應付這種干擾。這種懷疑其實頗正常，我也看得多了，但還是希望每個人都能把握機會暢所欲言，一起來創造激發創意的最佳環境。

大家都希望快點採取行動，專注在團隊必須儘快動手的一長串任務。但是布萊恩很清楚，團隊一定要先確定目的，這才是未來前進的團結要素。大家一起深入探究諸如「我們為何存在？」、「我們真正的價值是什麼？」、「我們想要做出什麼改變？」、「我們想要發揮什麼特點？」，最後團隊提出以下目的：「激勵大家使出全力」。這個目的讓大家團結一致，它簡單而令人難忘，而且非常切實可行，超越了原本只是航站開幕啟用的目標。這個目的成為團隊的指路明燈，讓他們在這趟非凡旅程中時時獲得指引。

──────

有一次，我被要求和工程部門的一個高級管理團隊合作，那些增強團結的活動早就讓大家飽到膩。這個團隊疲憊不堪，很不情願離開辦公室，再花兩天時間來反省思考找問題。我一開始就跟他們講得很明白，要是最後沒有達成有形的價值提升，活動結束之後就儘管叫我滾蛋沒關

係。我知道在探索目的之過程中，我要先保持公開透明的開放態度。任何團隊最不需要的，就是找到一個又一個公司口號，大家嘴巴喊一喊卻毫無意義，這只會製造出更多的悲觀和嘲諷。

這個執行團隊的成員可謂混雜。有幾個創始成員已經待了十五年以上，其中一位是離開後又回來。還有一些成員剛加入公司不久，而領導團隊的主管則是三個月前才履新上任。為了引導大家一起思考，我請大家寫下五個他們認為跟團隊最有關係的單詞，然後把大家提出的單詞寫在黑板上，請他們從中選出最有關聯的三個，最後篩選出他們的第一選擇。我以此為基礎，敦促大家一起思考，他們這個團隊的作用為何，那個詞對團隊有何意義，以及他們希望發揮何種特性。透過討論和探索，該團隊得出「創造更美好未來」的結論；不過也有一位成員指出，過度強調未來，可能會使他們偏離日常要務。最後他們都同意，團隊必須創造更好的成果（其實過去的表現就一直很不錯），但他們更進一步確認後，了解到團隊存在的主要原因就是為了大家團結在一起，共同努力。所以他們的目的很明確：「團結一致，共創更好的成果。」

團隊對於自己的工作感到自豪，也真心誠意相信這個
目的。他們都願意為此負起自己的責任，把它當做是決策
的基礎條件。這個目的被證明極具價值，因為決策過程
中，他們常常要在財務和人力資源方面進行權衡取捨，因
此專注於共同創造更好結果就成為最佳的抉擇標準。

明確目的可以團結一個團隊，在壓力來臨時，讓大家
都能專注在最重要的事情上。目的會提供能量和指引，激
勵團隊向上提升，讓大家記住自己的真正價值，不忘初衷。

9. 創造事業差異化

成功企業的核心是強大的目的

偉大的企業必定擁有絕佳之目的。這個已經獲得證實的研究結論，凸顯領導者應該以目的驅動來建立組織的原因如下：

1. 吸引最優秀的員工，而且讓他們願意留下來安心效力

在具備強烈目的之企業中工作，員工參與度會提升為 1.4 倍，滿意度 1.7 倍，留職率提升為 3 倍（能量計畫：〈工作領域中的優質生活〉，2013 年）。

2. 建立客戶忠誠度，提高信賴

對於以目的為導向的企業，有 89％客戶認為該公司將會提供最優質的產品與服務，全世界有 72％的企業樂意推

薦明確目的之公司，新興市場中的消費者有 84% 願意每年都與該等企業進行相關買賣（艾德曼 Edelman，〈The goodpurpose® 〉研究，2013 年）。

3. 增加股東投資報酬

在 1996 年至 2011 年期間，目的導向企業的股價表現比史坦普指數五百大企業好十倍（拉傑・西索迪亞 Raj Sisodia，〈向心力企業〉，2007 年）。與人類福祉相關、意義深遠的優秀品牌在 2013 年的股價表現比股市大盤好 120%（哈瓦斯傳媒 Havas Media，〈意義深遠的品牌〉，2013 年）。

4. 創造共享價值──經濟價值與社會價值並不相互衝突

現今社會上，更加成熟的商業領袖都已經體認到共同價值的概念。企業可以重新定義目的，創造「共同分享的價值」，把企業運作和社會意識結合在一起，不但有助於創造更大經濟價值，也因為解決諸多挑戰而創造出社會價值。這種分享共同價值的方法將企業成功與社會進步聯繫起來；麥克・波特（Michael Porter）和馬克・克萊默（Mark Kramer）在《哈佛商業評論》2011 年 1 月／ 2 月號的論文〈創造共享價值〉說的就是這個。

透過那些全球最有價值的品牌，可以更加充分證明這一點（根據 2017 年 2 月 1 日由品牌金融公司 Brand Finance 公布的研究報告）：目的明確的企業可以強化品牌優勢，吸引最優秀的人才，讓他們在各自市場上保持積極和力求表現。

　　其中排名第一的是谷歌，它揭櫫的目的是：「組織全球資訊，讓全世界都可以獲得及利用」。憑著一千零九十五億美元的貨幣價值和每天超過三十五億次的搜尋量，我們可以很肯定地說，谷歌正在實現它的目的。

　　排名第二的蘋果公司也實現了一個實用目的：「蘋果公司設計全球最佳個人電腦『Macs』以及『OS X』、『iLife』、『iWork』等專業軟體。蘋果公司以『iPod』和『iTunes』線上商店領導數位音樂革命。」在創造出一千零七十一億美元的貨幣價值和吸引全球最多客戶人數之後，蘋果公司也實現了目的。

　　網路書店亞馬遜排名第三，它成功地建立全球頂尖的網路零售企業，至少有一部分是因為它堅定不移、每日不懈地努力實現目的：「成為全球最重視客戶的企業；建立一個想買任何東西都找得到的線上購物網站。」亞馬遜的

貨幣價值是一千零六十三億美元，繼續以越來越快的速度持續創新。

　　任何規模的企業都必須明確定義自己存在的理由。明確自己的目的、團隊的目的和公司的目的，正是目的領導的出發點。

第 2 章

發現「目的」之旅

1. 定義你的目的

目的創造可能

———————

　　什麼是個人目的？是一件事情？是某個目的地？是一場比賽的最後？還是一段旅程？我原本毫無頭緒。我以前也不知道什麼叫做目的，更不用說是自己的目的，但我下定決心把它搞清楚。回想二十出頭剛離開音樂的世界時，我一直在思考自己要往哪個方向發展，也想釐清應該採用哪些關鍵標準來判斷自己以後該過什麼樣的生活。於是我走遍世界各地尋找自己的目的，我曾遠赴印度參拜寺院，也參加過美國的個人發展課程，還有很多很多其他活動！雖然花了一大筆錢，但還是非常迷惘。

　　在一個對未來影響深遠的時刻，我在印度北部大城，

北方邦的首府勒克瑙。我在英國的好朋友鼓勵我去那裡，拜見一位自我探索的名師佩巴奇（Papaji）。我早上五點鐘就要起床，走過塵土飛揚的街道去他家聽早課，跟一群主要是西方人的學生一起尋找目的。那時候我非常期待，想知道自己會學到什麼。佩巴奇的教學主要是以問答方式來進行。有個問題是該如何處理人際關係的困境，佩巴奇的回答是叫那個煩惱的人只穿一隻鞋上街追趕對方！這完全不能滿足我的好奇心。後來我越聽越失望，看著身旁的大家，不知道自己在這裡幹什麼。我很快退出，改訂班機，提早回到倫敦。在我到處旅行、上了許多課、看了很多書以後，我開始意識到，「目的」並沒有單一答案，必須由我自己來定義。

當洲際飯店集團找我主持目的領導課程時，迫使我必須更明確地定義目的：

> 個人目的是存在的最佳原因
> 它激勵你的生活，指引你的方向
> 是對最重要事情的深刻信念
> 它塑造你的心態、行為和行動

它具備永恆的特質，也超越了環境

它提供你生活的全部意義和方向

　　從本質上來說，你的目的是你的最大「原因」、你的終極存在理由，與生俱來，就嵌在你的 DNA 裡頭。

　　還有兩位領導力專家的定義，也強而有力地闡述目的。美敦力公司（Medtronic）前董事長兼執行長比爾·喬治（Bill George），是哈佛商學院的高級研究員和《發現正北》（*Discover Your True North*）的作者，他說個人目的是：「了解自身內在羅盤的『正北』。你的正北就代表你身為人類的深沉自我。這是你的定位點，你在這個旋轉世界中的固定點，可以幫助你保持在正途上。」

　　另一位專家賽門·席尼克（Simon Sinek）是《先問：為什麼？》（*Start with Why*）的作者，他的演講「偉大領導者如何啟發行動」被譽為 TED 有史以來最受歡迎演說的第三名。他給的定義是：「你的人生大哉問，就是會激勵你的目的、原因或信念。」

　　大多數人常常將目標、成就和目的混為一談。然而，目的並非有形事物，而是為何這麼做的原因。你在成長階

段時也許會認為，你的目的是獲得好成績。然後也許你認為，你的目的是要找個很酷的男朋友或女朋友。然後也許你認為，你的目的是要在公司向上爬。然後就是，結婚、生小孩、買房買車去度假。這些事情都很棒，但這些都不是你的目的。這些只是目標，你想達成的目標。

你的目的也不是一種價值。個人的價值觀是一種深刻信念，對之投入情感，而它會影響你的行為。價值觀往往來自學習到的經驗。比方說，有個領導者說，八歲時他和其他小孩從學校回家途中，在路上撿到一英鎊，就拿去附近小店買了一袋糖果。快到家時，剛好遇到他媽媽，媽媽問糖果哪兒來的，他們說是用撿到的錢買的，媽媽就帶他們回去小店，退還糖果，把錢要回來，然後帶他們去銀行，把錢交給銀行。那個小孩就是在這裡學會誠實和正直的價值。價值觀會塑造你的行為，但它並不是你的目的。

下圖就是我對目的之看法，它是你生命的核心。從核心目的向外延伸，才是圍繞你的價值觀、你想要的種種目標。你能夠把自己的目的（原因）、價值觀（手段）及目標（對象）結合起來的能力，就像是把你的工作、生活和人際關係等各方面用一條金線串起來。目的將確保你清醒

目的模型

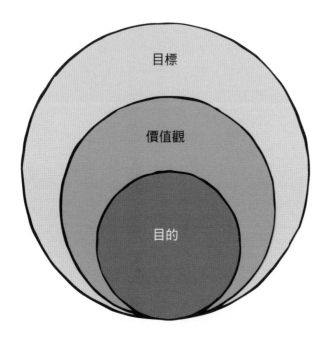

目標

價值觀

目的

不糊塗地走在正途，專注在對你最有意義的事情上。

　　所以，你怎麼曉得自己已經把握住目的？有七個關鍵原則可資判斷：

1. 目的會讓你充滿能量
2. 目的會增強你的韌性和抗壓性
3. 目的會幫助你做出最大發揮
4. 目的讓你的創意左右逢源
5. 目的點燃你的熱情
6. 目的帶來激勵和啟發
7. 目的和你的真實自我相連結

　　你當然不必在意自己是否具備以上所有特點；但那幾點都是很好的指引，能讓你曉得自己是否走在正軌之上。

2. 發現你的目的

發現自己的目的，正是人生旅程的一部分。
生命的喜悅，就是實現目的。

———————

　　我接到一家大型法律事務所人力資源部門主管的電
話。珍妮跟我很熟，也知道我擅長指導領導者發現他們的
目的。她說她旗下最有才華的律師正在質疑自己的未來，
希望獲得一些協助。珍妮問他是否願意接受目的培訓，他
同意了，所以我們約好時間碰面。

　　我在倫敦市中心跟史蒂芬見面，我們在一家僻靜的飯
店找到了一個安靜的角落。他非常聰明，思維敏捷、風度
翩翩。史蒂芬不拐彎抹角，直奔主題。他說他畢業後一直
從事法律工作，專注在重大交易的監督調查。現在他已經

快四十五歲了，開始思考自己未來的選擇。他應該繼續留在事務所，承接更多案子，還是進入企業擔任法律總顧問，或者冒險出來獨立開業，或是再次回到學校從事教職呢？我感覺到史蒂芬現在非常困惑，因此建議在考慮外在因素之前，要先探索自己的目的。我告訴他怎麼定義目的，以及他需要採取什麼步驟。

　　一開始，我請史蒂芬回想自己生命中的重要活動，以及那些展現出自己最佳狀態的時刻。他覺得最滿足的是在什麼時候、為什麼？他覺得自己如魚如水、心流神馳是在什麼時候、為什麼？他的人生「高峰」時刻是在什麼時候、為什麼？史蒂芬坐下來，邊喝咖啡邊回想。然後說了以下記憶：

• 成長過程中，他喜歡運動，任何運動！越多越好！足球、游泳、網球、自行車，來者不拒。不過最重要的問題是：為什麼？這些運動讓他表現出最好的特點是什麼？史蒂芬確認了幾個重點：勝利感、競爭、團隊合作、樂趣，還有測試自己的能耐。

• 畢業成績第一名。史蒂芬很重視自己在學校的表現，他認為這就是發揮自己的潛力。因此他在學時全心投入學

業，雖然他認為自己很聰明，但還是全力以赴用功讀
書，為自己感到驕傲。

- 贏得第一件案子。史蒂芬說到他幫某大客戶贏下一樁改
  變局面的案子時，整個人都亮了起來。更深入探索以
  後，史蒂芬發現，「幫助他人」這件事比完成案子本身
  還重要。

- 結婚。回想結婚那一天，史蒂芬感受尤深的是洋溢其中
  的連結感，身邊都是此生對他最有意義的親朋好友。

- 擁有自己的孩子。跟許多人的高峰時刻一樣，史蒂芬第
  一個女兒出生的時候，讓他非常感動，尤其是太太面臨
  難產時表現出的堅定勇氣。

- 全家去度假和露營。回想起帶著全家人去多洛米蒂山和
  庇里牛斯山旅行時，史蒂芬感到自由自在，深深受到大
  自然的啟發，這些經歷伴隨而來的感受對他意義重大。

　　接著，我們總結他這些重要經驗的主旨，探索其中有
什麼共同的關聯或模式。史蒂芬特別強調以下十個：

1. 勝利感
2. 團隊合作
3. 自由

4. 美

5. 學習

6. 專心用功

7. 幫助他人

8. 人際連結

9. 勇氣

10. 樂趣

我請他試著加以分類，他認為可以分成：

1. 人際關係：連結、幫助他人和團隊合作

2. 成就：勝利感、專心用功、學習和勇氣

3. 創造力：自由、美、樂趣

然後，史蒂芬從這三類裡找出何者對他的意義最為重大。他說是：人際關係。我們接著繼續探索：

我：人際關係中對你最有意義的是哪個部分？

史蒂芬：改變人們的生活。跟大家一起合作、幫助他人實現目標，都讓我獲得極大的滿足感。

我：如果你能改變別人的生活、幫助他們實現目標，然後呢？

史蒂芬：這樣我就提升了價值。

我：你想要提升什麼樣的價值？

史蒂芬：幫助大家發揮潛力，達到他們的最佳狀態。

我：為什麼？

史蒂芬：我覺得在幫助他人的時候，我也全力以赴，盡情發揮，而且讓我更了解自己。

我：你真正想了解自己的哪些方面？

史蒂芬：了解真正的自我。我是誰、我能做到怎樣、我的最佳狀態是什麼。

我：知道真正自我，然後呢？

史蒂芬：那就是實現了自我啊！

我：那麼可以說，你的目的是要了解自己，達成你的最佳狀態嗎？

史蒂芬：是的。不過，比起了解自己，我更想全力發揮，展現出最佳狀態。

我：好的，如果你的目的是表現出最佳自我，會怎樣？

史蒂芬：會產生共振。如果我能達成最佳狀態，就能完全發揮潛力，全力以赴、全力施展，我的能量滿滿、能屈能伸，在承當為人父、人夫、人子和律師、伴侶……事

實上是任何角色、任何活動，都能適用。

經過這次對話，我們一起找到一些重要指標，顯示史蒂芬現在就處於正確的位置，符合自己的目的。他發現的是：

- 貫徹一致，始終如一：他的目的可以應用到工作、生活和人際關係的各個方面
- 能量提升：他受到鼓舞，熱情點燃
- 實現自我：把握目的，就會成長茁壯
- 意義重大：知道自己的目的連結起那些最有價值的東西

要找到自己的目的，並沒有速成公式。我都跟客戶說，我可是花了二十年才找到的呀！所以你要是兩小時就找到，我也未免太遲鈍了吧。但各位要是做好準備，開放心胸，準備好接受挑戰，就有可能深入探索，找到問題的核心。

我問史蒂芬，把這個目的應用在他目前的職業生涯困境會怎麼樣。我們開始探索，如果史蒂芬朝著自己的目的前進，在法律界展現最好的自我。他說這表示：

- 承接大案子
- 發揮領導力

- 為公司做出策略性貢獻
- 展現絕佳判斷力
- 幫助他人發展
- 支持自己家人

　　我又挑戰他說，如果更加貼近目的地踏出職涯下一步，又會是什麼狀況。如果他在公司裡，每一天都能展現出自己最佳狀況，盡情施展自我，會是最好的領導者嗎？還是最好的策略思想家？能否讓他人充分獲得發展？把支持自己家人做到最好？

　　我們探討了兩個小時以後，史蒂芬站起來向我隆重道謝，因為現在他對於目的和現況已經有了完全不同的看法。他會再接再勵，繼續探索，等他決定好下一步，一定會讓我知道。看到史蒂芬在很短時間內就從混亂中找到明確目的，了解它對未來職涯的重要，真的讓我感到無比欣慰。

3. 確定你的目的

了解你的目的，也就了解自己

———————

　　確定自己的目的，是我們一生中最重要的行動之一。看到那麼多已經有所成就的人其實並不知道自己的本質，我總是感到很驚訝。事實上，了解自己目的之天賦，就掌握在你手上。只要重新審視我們的高峰經驗，回想自己的最佳狀態、最充實、最自在、靈感充溢而聯繫飽滿的時刻，通往目的之路自然就會顯現出來。

　　確定目的之具體步驟如下：

1. 記下你這輩子到現在的高峰瞬間，展現最佳狀態、最為充實、心流神馳的時刻。

2. 回想過去發生過的事情，哪些活動讓你念念不忘，例如

旅遊、運動、工作、創意發揮、慈善活動或人際關係等。

3. 確認那些高峰時刻的關鍵主旨，例如自由、學習、奉獻、創新、實現等。

4. 將主旨分成幾大類，例如明確成果、幫助他人、實現變革等。

5. 選定一個你最有感的類別。

6. 找一位你可以信賴的夥伴，幫助你利用以下問題深入探索上述選定的主旨：

 • 那個主旨對你有什麼意義？為什麼？

 • 如果這些主旨可以實現會怎樣？

 • 那個主旨的最終點是什麼？

 • 如果實現自己的主旨，會為你帶來什麼不同？

7. 找個你信任的好友，把他剛剛聽到、可能是你目的之主旨，匯整成一個問題向你提問：「那麼可以說，你的目的就是……？」

8. 陳述目的：明確說出這個目的對你有什麼意義。

　　我的建議是至少花一個小時，不受干擾地進行探索，並且利用右頁表格來記錄答案。

找出你的目的

高峰時刻	你呈現最佳狀態，最滿足、最自在、最受激勵，和對你最有意義的事物連結在一起。
活動	你正在做的這些活動，創造出高峰時刻。
主旨	與高峰經驗相關的關鍵主旨
分類	把主旨分成幾大類
最有感者	你最有感的是哪一個
目的	陳述目的

你在探索自己的目的時候，必須特別注意避免思慮模糊不清。例如：

- 像是「做出不同」、「增加價值」、「留下遺澤」這樣的陳述，就要再追問：「想要做出什麼樣的不同？」、「想增加什麼價值？」、「想留下什麼樣的遺澤？」，你必須不斷地深入探索，找出那個最原始的動機。

- 必須仔細區分「手段」和「最後結果」。如果你說你的目的是「讓別人的生活變得更好」，要再想想如果真的做到了，對你會具有什麼意義。是因為「幫助他人」這個行為讓你感到快樂滿足，或者是因為，比方說，別人的生活變得更好以後，也會為你帶來一些不同的可能性或機會嗎？哪一個才是最後結果，會帶來更大影響？

- 要簡單。最強大有力的目的，有時就是最簡單那一種。目的並沒有最正確與否。你的目的，必須由你自己與之共鳴。

- 如果覺得自己的目的顯得太自私，也不必太驚訝。但是每一種目的裡，其實也都包含著幫助他人的種子。比方說，如果你的目的只是想要讓自己快樂，那麼社會科學的研究指出，無私而樂於奉獻的人最快樂，自私而吝於

施捨的人並不快樂。

- 你的核心目的可以轉化應用在生活中的每個角色和各方面。你的目的對工作和家庭應該是一致的。但是在不同的狀況下，它表現出來的方式也會有所不同。

  以下為幾個目的陳述的例子：

  「以尊重和維護他人自由的方式來生活。」
  —— 曼德拉（Nelson Mandela）
  「在宇宙中留下刻痕。」
  —— 賈伯斯（Steve Jobs）
  「實現最好的人生。」
  —— 歐普拉（Oprah Winfrey）
  「解放全世界所有人的天賦。」
  —— 祖克柏

  我合作過的領導人，他們的目的陳述包括以下這些：

  成為機會創造者

  做出大事

實現難以想像的事

幫助他人成功並實現他們的夢想

成為舉足輕重的人

展現最佳狀態

可能的藝術

讓人喜愛

快樂

　　定義目的，取決於你的意願。只要你願意這麼做，就保持開放心態，不必慌張也無須著急。你的目的非常寶貴，所以要為自己保留一點時間和空間，好好地了解自己的本質。

4. 實踐價值觀

價值觀展現你的信仰

_____

　　認清價值觀與目的不同十分重要。有些人很清楚自己的價值觀，但他們常常把價值觀當做目的，這就錯了。個人價值觀是深刻的信念，會塑造出你的行為。價值觀來自塑造生活的重要轉折點、事件和經歷，你內心所學到的教訓和結論即是由此構成。

　　價值觀可謂各式各樣都有，對我們都是極為個人層面的，如下頁圖所示。

　　為了定義你的價值觀，首先要挑出你生活中經歷過的重大事件，搞清楚每件事帶來的影響，明白自己從中學習到哪些重要心得，才能確定形成怎樣的價值觀。我們在定

關於價值觀

人際關係價值觀
- 信任
- 尊重
- 多元
- 包容
- 團隊合作
- 共同協作
- 同理

正直價值觀
- 做正確的事
- 公開與誠實
- 公平
- 安全
- 工作倫理
- 責任
- 紀律

成功價值觀
- 胸懷大志
- 成就
- 績效
- 結果
- 交付
- 承認
- 能力

幸福價值觀
- 愛
- 自由
- 實現
- 樂趣
- 幽默
- 喜悅
- 創造力

義自己的價值感時，通常會發現，雖然知道那些是什麼，但並不是很清楚形塑價值觀的影響因素。

我以下面四個表格為例，說明我生活中的四個關鍵事件，它們帶來哪些互有關聯的影響、我從裡頭又學到哪些經驗教訓，以及各自代表的核心價值觀。

事件	我八歲的時候，我們全家離開約克夏里茲的美麗房子，往南搬遷至薩里，我爸爸在那裡擔任曼紐因音樂學校的校長。我喜歡之前居住的里茲，我不但支持里茲的足球隊，而且那時候只有我們一家人住在一起，可以一直在花園玩不受干擾，或去約克夏的野外散步。等到我爸媽開始管理那所寄宿學校以後，一家人都受到干擾。我記得我那時候晚上躺在床上，等著我爸媽過來時要跟他們說晚安，可是等他們巡房巡了四十五個小孩之後，我早就睡著了。
影響	父母的關注力降低，讓我有喪失親情的遺憾感。
學習	孩子需要父母主動關愛和注意，才能健康成長。
價值	愛

事件	十六歲時，我遭遇重大打擊。那一年我去非常美麗的英國湖區參加野外課程，幾個星期都是登山、攀岩、獨木舟和其他戶外活動，回家時身體狀況超級好。我回家後發現媽媽非常沮喪，她哭著說她跟爸爸的婚姻破裂了。那段時間真是非常難熬，因為我們還是要回學校，不斷參與爸媽的離婚協議，那段過程拖了好幾個月。
影響	我曾經以為天經地義、理所當然的一切，都被攪得天翻地覆。
學習	對於意料之外的事，也要有心理準備。
價值	誠實

事件	我繼續練習小提琴，希望離開音樂學校以後，能錄取進入市政廳音樂及戲劇學院。不過在大學之前，我決定休學一年。這在音樂界可是前所未聞的大事，大家最注重的就是持續不斷地勤練苦練，以免琴藝退步。但那一年我還跑去以色列的集體農場。我記得很清楚，十八歲那年的一月初離開又冷又潮濕的英格蘭，來到陽光明媚的特拉維夫。轉機之前的幾小時，我帶著背包和小提琴去海邊，坐在沙灘上望著眼前的地中海，那種無限自由的感覺，我永遠不會忘記。
影響	發現生命之中不是只有小提琴！
學習	明白自己需要放寬眼界，也學會要承擔一些風險。
價值	自由

事件	到了二十五歲左右，我已經開始能享受單身的快樂。經過幾次心碎的經驗，我決定享受自己的獨立自由，晚一點再來考慮結婚。不過老天爺顯然另有安排。我在倫敦跟維若妮卡見過幾次面，我有幾個朋友也認識她，曾邀請她來參加我開的公眾課程。她是紐西蘭人，當時住在東京。這原本只是個短暫的緣分吧。一年後，有幾個朋友從東京回來，又跟我談到她。所以我就打電話給她，結果她還記得我。經過幾個月的自然發展，還有昂貴的長途電話友誼聯繫之後，我問她要不要跟我和幾個朋友一起去印度旅行。維若妮卡帶著她最要好的閨密過來，我們在新德里的靈曦堂前碰面，那是一幢非常漂亮、像蓮花似的大寺院。然後我們一起開車去拉賈斯坦邦，剛在一起才三天，我想到的淨是結婚、生小孩，簡直嚇死我了！但後來經過三個星期的旅行以後，我就知道我們以後會在一起。
影響	在我完全沒想到的時候掉進愛河
學習	宇宙以神祕的方式在運行
價值	感情連結

透過以下練習，各位就會了解自己的價值觀，並且知道這些價值觀來自何處。完成後，各位也會了解個人目的和價值觀有什麼不同。

請先找個安靜的地方，預留大概一小時的時間。在進行練習的時候，你很可能會發現，自己這輩子的重大轉折，大多數都是一些不幸的事情，是處於逆境中發生的事，所以你在回憶這些事的時候，也不想被人打擾吧。

1. 在紙上畫一條橫線，代表你這一生到現在（生活時間線）。

2. 按時間先後在線上標記影響你生活的重要經驗和轉折點，比方說弟弟妹妹的出生、學校、人際關係或愛情關係、高等教育、地點的變化、工作的變化、和上司的關係、工作失誤、財務問題、遭到裁員、家庭變故或親人死亡等。

3. 針對每個事件記下它對你的影響，例如喪親之痛、遭遇背叛、感受到不被公平對待、遭遇失敗、無力感、挫折感、憤怒、恐懼、悲傷。

4. 反省自己從那些經驗獲得什麼教訓，或從影響中歸納總結，例如誠實為上、搬家讓你學會適應環境、學業失敗也許就是刺激你奮發向上的原因、上司的不良管理讓你

努力成為絕佳領導者、遭到裁員反而讓你覺得解脫、親人之喪令你更加珍惜生命。

5. 確認和那些體驗有關的具體價值，例如誠實、樂觀、尊重、公平、學習。

我們一定要明確自己的價值觀，知道它們來自何處，才能真切把握住那些對我們最重要的事物。從領導統御的角度來說，明確自己的價值觀才會獲得信任，把價值觀和目的相結合，才能激發信心。

生命歷程練習

事件	事件	事件	事件
影響	影響	影響	影響
學習	學習	學習	學習
價值	價值	價值	價值

5. 確定團隊目的

偉大團隊的核心是擁有共同目的

作為團隊領導者或團隊成員，你必須能夠回答以下關鍵問題：

- 你的團隊為何存在？
- 你團隊的最大原因（big why）是什麼？
- 指引團隊團結一致的北極星是什麼？
- 你團隊的真正價值是什麼？
- 你希望團隊出現什麼不同的變化？

我認為團隊一定要找出自己的核心目的，才能讓成員清楚明白團隊存在的意義，而這種明確的身分感也是維持團隊團結的重要元素。但這必須是真實無欺的過程，我並

不認為所有團隊都會想要創造出一個目的，遑論遵循不悖。如果團隊設定目的只是想取悅領導者，而不是真心誠意地接受或下定決心去遵循，那真是再糟糕不過的事。

――――――――――

我曾受邀為某品牌及其行銷團隊在外地舉辦溝通課程。那個團隊是由一群能力很強且經驗豐富的專業人士組成，我事先跟每個成員聊過後發現，他們都很忙，所以對於離開辦公室去開兩天會並不是很熱衷。這種情況我太熟悉，所以警告團隊領導者說這樣做風險挺高的，因此我們一定要做好準備，讓他們耳目一新、大開眼界。團隊負責人費歐娜提醒我說，雖然每位成員在各自領域都有極佳表現，但這是大家合作與團結一致，才會有這麼好的成績。唯有同心協力，才能繼續推動更多措施，包括降低成本、分享人才、創造更佳工作環境，以及發揮堅定實在的領導統御。

課程開始的時候，費歐娜就向成員清楚說明這兩天活動的重要性，直接指出大家在溝通時必須開放、坦誠，活動才會奏效。費歐娜並強調，她對這兩天的對話並不預先

抱持什麼幻想，而且答應不會隨便設定多餘的事情要大家做，除非團隊都相信那麼做有其價值。這個團隊最不需要的就是又搞出一張待辦清單！

我們第一次討論到團隊效率時發現的問題，其實在幾年前一場類似會議中也曾出現。當時那場會議雖然凝聚了許多能量，但後來的決議並未切實貫徹，當時所做的目的陳述如今也毫無意義了。我要求大家在繼續議程之前，先解決一個最明顯卻又遭到忽視的問題：團隊成員要先確定，大家是應該同心協力一起合作，或者各自為政、單打獨鬥比較好。

我請大家寫下，他們認為組成團隊的優點和缺點，歸納整理如下：

團隊的優點

- 提高克服挑戰的韌性
- 便於培養人才
- 提高執行力
- 分享最佳實踐
- 提供相互支持
- 合作與競爭雙路並進

• 釋放能量、熱情和樂趣

團隊的缺點

• 團隊成員容易失去個人身分

• 團隊優先造成個人需求受到壓抑

• 適應團隊文化要花點時間

• 有些工作時間因此被占用

• 不先相互協調反而容易失敗

• 實現的結果可能違背個人選擇

　　這次對話讓成員體認到組成團隊的力量，並同意在接下來的兩天進行驗證。這是個重要結果，表示確認真實目的之真正機會已經到來。為此，我要求每個團隊成員寫下五個和團隊有關的詞彙。假如這個團隊正處於不太健康的階段，有時就需要一些較具鼓舞性的話語；此舉將可能清晰明確地表現出團隊最佳狀態。

　　這一次大家提出的詞語包括成功、績效、啟發激勵、領導、天賦、成長、有效性、參與、交付成果、承諾、凝聚、信任、負責、誠實、愛、樂趣、結果。

　　我把這些詞語全部謄在白板上，讓大家選出自己最中意的三個。結果得票最多的是：

1. 啟發激勵

2. 愛

3. 成長

　　然後我開始幫助團隊進行最後確認：他們為何存在？
最後他們找到目的：為了「啟發激勵愛」。就公司之內而
言，他們一致認為，作為一個領導團隊，他們的最終價值
在於激勵員工全力表現，而其中的「愛」表達他們創造優
良工作環境的願望：讓大家都可以用自己喜愛的方式去做
自己喜愛的事情。就外在條件來說，「啟發激勵愛」也意
味著跟客戶建立良好聯繫，確保品牌為生活創造真正的價
值。這個目的既簡單又清晰，讓人一看到就不會忘記，也
就容易堅持下去奉行不渝。

　　還有一次，我跟另一個商業領導團隊合作。這個團隊
過去激烈內鬥，大家互放冷箭、爭奪資源，多年來一直陷
於困境。團隊領導者最近才剛履新上任，希望在調整部分
成員未來角色之前給他們一個改變的機會。這個團隊對於
設定目的，比上一個例子中的團隊更是冷嘲熱諷，但透過

類似的練習之後，他們發現「提升營收以壯大企業」就是他們的目的。

在這種狀況下，雖然目的已然確立，但我還是建議他們在正式宣布之前，至少先試行九十天。一般來說，剛參加過研習的團隊總是熱情洋溢地回到工作崗位，迫不及待地宣布重大決策，誇張地表示未來會更好，但是等到平日的壓力重新逼近，可能只是短短的一週以後，一切又會恢復原狀。

該團隊決定試行三個月，看看這個目的是否適用，是不是真能指引方向的北極星。九十天以後，我們又一起檢討，測試它的價值。檢討會上團隊成員紛紛分享自己的經驗，說這個目的如何引發大家的關注，確實讓他們的思考更加全面，也提升了工作士氣，努力爭取營收提高。於是他們認定，這個目的確實為部門帶來寶貴的認同感，同意在下次部門的審查季會上正式宣布啟用。要把部門全部整合在一起頗有風險，因為其中還隱藏著許多不為人知的派系暗流。但是團隊領導者藝高膽大，認為除非是由領導團隊開始改變集體思維模式，否則這一切又要退回原點。團隊設計了一個擴大參與提升認同的會議，讓每個人都有機

會暢所欲言，分享他們作為商業功能的存在原因。會議中，營收與成長即是討論的重點，這表示領導團隊布達的時機已是水到渠成：「提升營收以壯大企業」。他們更驚訝且驚喜地發現，整個公司對於這樣的決定都張開雙臂表示歡迎。這表明大家其實都很想知道自己在公司努力奮戰的深沉意義，而目的也正好提供大家一個明確的團結方向。

我過去訓練的團隊，他們的目的陳述如下：

　　領先業界──企業執行委員會

　　超強技術團隊──科技業領導團隊

　　一起創造更好的成果──經營領導團隊

　　績優公司的績優體驗──客服領導團隊

　　溝通愛──通訊業領導團隊

　　激勵大家展現最佳自我──人資領導團隊

我相信每個團隊都有一個核心目的，而團隊領導者的責任是，至少要讓大家有機會去探索這個核心目的是什

麼。如果順利，這個共同的目的就會激勵團隊同心協力，走向同一個方向；它會把大家的心和腦拉在一起，讓大家知道自己的存在除了達成眾多營運目標之外，還有更為深沉的意義。

6. 闡釋組織目的

偉大企業知道自己存在的原因，不只是為了股東報酬

————————

　　在確實發揮最大功效時，組織的目的會提供必要的關注點，讓大家知道該往哪個方向前進。它會指引出正北方向，企業才能夠明確決策。它會帶來大家都認同的意義，並因此獲得支持。這個目的即是公司存在的原因，也是鼓舞士氣的召喚。

　　但如果弄得不好，組織的目的淪為企業口號，只是嘴巴講講，不會跟大家產生情感連結。要是公司採取一些要命的行動，跟宣稱的目的背道而馳，也會造成更大損害。比方，以前安隆公司（Enron）宣稱目的是：「尊重、誠信、溝通和卓越」。結果 2001 年 10 月，安隆因為做假帳欺騙

投資大眾而倒閉，成為當時最大的企業破產案件，重創整個金融界。

雷曼兄弟公司（Lehman Brothers）的目的是：「透過員工的知識、創造力和奉獻精神，與客戶建立無與倫比的合作關係，為他們創造價值，為股東帶來卓越優渥報酬。」然而 2008 年 9 月 15 日，雷曼兄弟公司轟然倒閉，再次刷新企業破產紀錄。

當我詢問公司的目的陳述時，很多人只是翻著白眼，一臉無奈。其實也沒什麼好奇怪的，這原本就是狐疑不定的滋生之地。然而企業一旦欠缺坦誠可信的目的，員工不能理解公司何以存在，也就喪失了向心力的感召，更會帶來混亂和解體。

如果做得好，闡釋組織目的就會變成提升參與感的好機會，讓大家一起為公司定義企業 DNA。

我曾跟一家重要的科技產品零售商合作過。這家公司當時正處動盪，遭遇亞馬遜強力競爭和數位轉型需求交相逼迫。公司高層急切地想要回歸原點，重新定義公司一開

始的目的。他們已經排定在公司外部舉辦一場大型會議，召集一百位員工參加，希望藉此為企業目的形成共識。於是我們先在一個輕鬆休閒的環境中安排一天的活動，確保大家對於這樁重任都有正確心態。我們先討論目的，這是要讓大家知道，此次活動就是要對此做出更新。以前該公司的目的是：「確保我們永遠把客戶放在第一位」。這對於提升參與感頗見功效，但現在大家認為這句話已經過時，而且也不能反映在業績數字上。

我與他們分享一些其他組織的目的陳述，以激發思考：

對身體、心靈和精神帶來新世界的體驗——可口可樂

為全世界各年齡層的人提供最佳娛樂，帶來快樂——迪士尼

讓世界更加緊密——臉書

為大家創造更美好的日常生活——IKEA

精益求精——Sky 新聞台

我請主管們各自寫下自己中意的目的陳述，說明公司存在的理由、是哪些原因讓公司成為特殊，它之所以獨一無二、與眾不同的原因何在。由此得出的關鍵主旨如下：

- 為客戶提供解決方案
- 提供建議，改善客戶生活
- 將客戶與他們想要的東西連結起來
- 讓大家更容易獲得產品和服務
- 確保客戶擁有難忘的體驗

　　然後針對這些主旨，我要求大家進行更深入的討論：為什麼要為客戶提供解決方案？為什麼要提供建議，讓客戶和他們想要的東西可以連結起來？為什麼要確保客戶擁有難忘的體驗？雖然這些問題好像都有明顯的答案，但是這樣的對話讓大家都能齊心協力去思考共同的焦點。最後終於出現一個好像真的很吸引人的想法：「讓生活更輕鬆更方便」。

　　在獲得初步結論以後，我們在百人大會也進行類似討論，讓每位主管帶領十位員工探索主旨。我嚴格指示主管們不要用自己的想法影響員工，而是要讓公司真實的核心理念浮現出來。而那個讓生活變得更輕鬆更方便的想法，

果然也再次出現。大家都喜歡這個理念，認為公司存在的理由就是要讓員工、客戶和股東的生活都變得更輕鬆更方便。對於這家提供技術服務的企業，這樣的理念非常有意義，因為他們可以很清楚地看到自己的努力如何帶來明確的差異。

我們可以根據之前提過的七大重要原則，來驗證目的是否成功：

1. 目的會讓你充滿能量

「讓生活更輕鬆更方便」無疑會讓大家更有能量，在這個複雜的世界昂頭闊步。

2. 目的會增強你的韌性和抗壓性

每個人都同意，遭受挫折時，「讓生活更輕鬆更方便」會幫助他們迅速恢復鬥志。

3. 目的會幫助你做出最大發揮

大家都看得出來，「讓生活更輕鬆更方便」和全力發揮的關係。

4. 目的讓你的創意左右逢源

「讓生活更輕鬆更方便」的承諾鼓勵大家用不同的方式來思考，提出更新、更有開創性的解決方案。

5. 目的點燃你的熱情

「讓生活更輕鬆更方便」的理念讓大家心情振奮,熱情洋溢。

6. 目的帶來激勵和啟發

在競爭非常激烈的買賣環境中,聚焦「讓生活更輕鬆更方便」能提振大家的精神。

7. 目的和你的真實自我相連結

了解公司是為了「讓生活更輕鬆更方便」而存在,大家自然樂意遵循。

這個目的符合所有必要條件,因此執行委員會同意納入企業文化之中。

一個組織不管發展到什麼階段,重新定義目的都是非常有價值的作為,才足以彰顯意義、與時並進。如果企業需要新的能量、新的視野,就應該重新定義目的。或者說,要是你才剛設立公司,正要打拚新事業,那麼就從定義目的開始吧!

第 3 章

建立「目的」心態

1. 轉變心態

你的生活就是心態的結果

———————

　　現在你已經更清楚目的是什麼、為何重要，也開始確定你自己的目的，這時必須了解心態及它對目的領導的重要性。

　　我們的心態即思維方式，就是我們持有的既定態度。現在的神經科學利用核磁共振造影（MRI）等技術，就能即時研究大腦的結構和諸般功能。最新研究顯示，大腦比我們過去所知更具可塑性。這些新發現讓我們更深入了解思維方式的發展，找到培養正確心態的阻礙，透過練習從神經網路建立新連結，來產生新的思維模式。

　　接下來，我們要探討一些深刻的心態轉變，才能幫助

你把目的嵌入日常體驗。以下是我們要探討的幾個重要特性：

- **行動**：專注於交易與任務的心態。
- **擁有**：集中於物質積累與消耗的心態。
- **存在**：以天性本質為基礎，結合真實自我的心態。
- **選擇**：在任何狀況下選擇心態的能力，亦即決定我們反應事物的方式。
- **意圖**：有意識地發展心態的機會。目的心態的核心，即是以目的為導向的意圖。

2. 從行動到存在

我們人類叫做「human beings」而非「human doings」，
是有原因的

———————

　　你早上醒來的時候，腦子裡想到什麼？最常出現的答
案大概是：

• 孩子

• 茶還是咖啡？

• 交通

• 天氣

• 電郵收件箱

• 開會

• 今天要穿什麼？

- 今天要去哪裡？
- 半夜出了什麼事？

　　各位一定會覺得，這樣的清單可不怎麼振奮人心！這些事情都有個共同點……都是「任務」。就算早上想到孩子們，大概也是跟學校、作業沒寫完等有關。更具體地說，這只是一張「待辦清單」而已。

　　詢問過全球幾千個領導者，問他們早上都想到什麼之後，我可以明確地說：大多數人都是用「自動駕駛」在運作。好消息是，習慣性反應有許多好處。大腦研究人員指出，人類的心智感官據估每分鐘可以接收一千一百萬條訊息，但大腦意識到的其實只有當中的四十條左右，其他那些就是由潛意識「自動駕駛」在處理。大腦創造的「心理捷徑」幫助我們迅速解讀訊息，在決策時節省能量。所以我們早上一清醒，就能快刀斬亂麻，略去那些不重要的事物，不必多耗費珍貴的能量。但是這樣也可能會讓你人生只剩下一再重覆的動作，變成是個團團轉的「human doings」，而不是充分體驗生命存在的「human beings」。

　　要擺脫這種「行動心態」，必須換一種思維方式，也就是以「你想要成為怎樣的存在」為主導的「存在心態」。

為了讓轉變成真，我們必須克服「行動心態」的思維（如下圖所示）：

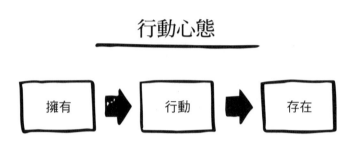

我們都會對自己說，想要「擁有」想要的東西，必須去「行動」，做我們想要做的事，然後才能「成為」我們想要的那種人（「存在」）。但這是顛而倒之的錯誤思考。

────────────

大衛是一家上市公司的財務長，剛要滿五十歲，爺爺是煤礦工人，爸爸是職業足球運動員。不幸的是，他爸爸後來騎摩托車出事摔斷背脊，結果他不得不重新接受教育轉換職涯跑道。大衛因此學會的工作倫理是：「如果我夠努力，就能獲得經濟保障，退休後才會快樂。」我挑戰他

這種不知不覺養成的心態。這真的是推動他未來的最佳思路嗎？尤其是他爸爸在退休一年半後就去世了；這種情況其實並不少見。

在我們合作的過程中，大衛找到自己的目的：「盡己所能，表現出最好狀態」。這句話真的為他帶來鼓舞，他可以預想自己如何運用這個目的，盡己所能成為最好的丈夫、父親、財務長、領導者和團隊成員。所以，要等到退休才快樂，會是最好的選擇嗎？他也知道不是這樣，只是不曉得應該怎麼改變。

我鼓勵他採用「存在心態」來思考，如下圖所示：

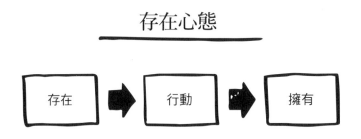

先成為你理想中的那種人，再讓它來塑造和影響你的行動和擁有。

即將年滿五十的里程碑，我又挑戰大衛，請他思考一下如果是以目的導向來過日子，他的生活會是什麼樣，也就是說，以他最好的狀態又是什麼樣的生活？他很快就知道，他想要的幸福快樂不必再等十年。他自問：「如果我下定決心，每天都要表現出最佳自我，會是如何呢？」他的答案是：

- 我可以好好陪伴正在為考試而努力的青少年孩子，不必等到為時太晚，他們都已經離家了才嘆息機會不再。
- 我可以重新和妻子營造良好關係，重建兩人生活，不必等到孩子離巢才試圖彌補空虛。
- 我在主管會議上會更有表現，而不是呆坐在那裡看別人主導議題。
- 我可以更好地帶領團隊，激勵團隊成員，為公司提供更好的財務指導，而不是滿足於平凡無奇的績效。
- 我可以主動拓展人脈，和更多專業人士保持聯繫，並接受別人的邀約，而不必總是以太忙做推拖。
- 我可以重新騎上自行車，跟幾千個業餘選手在公路上追風奔馳，一起完成環法大賽，不必等到人老力衰才怨嘆時不我與。

於是大衛調整好心態後才開始行動。我後來再跟他碰面時，他才剛騎完環法大賽。大衛談到自己一馬當先騎上賽程中的最高峰，在等候隊友趕上來時，他稍微停下來看看遠方的風景。那時候他感到非常激動。看到四周的自然之美，大衛深深地了解，要成為自己理想中的那個人，何必要等十年呢。這個選擇今天就掌握在他的手上。轉換心態之後，他以目的為導向，不再把自己的「待辦清單」放在第一優先。

這是我向眾多領導者提出的重要觀點。「待辦清單」永遠也辦不完，就算人死了也照常會有一張待辦清單。其實最重要的問題是，你想怎麼「活著」呢？關鍵就是，你要把「存在」放在「行動」之前。

3. 選擇的體認

世間雖多事，但你可以選擇怎麼回應

_____

在上一個世紀中，發現「刺激」和「反應」之間還有一個「選擇」，可能是心理學界的最大突破。尤其是維克多‧弗蘭克的非凡著作，讓我對這個觀點深有所感。弗蘭克的重要著作《活出意義來》(_Man's Search for Meaning_)中深刻陳述：「人的一切都可以遭到剝奪，除了一件事之外，這也是人的最後自由——不管遭遇到什麼狀況，我們都可以選擇自己面對的態度，選擇自己的方法。」

人生總是會發生很多事情，但我們可以選擇如何去面對，而選擇的結果也會決定生活對我們的影響。比方說，有意識地選擇我們要成為什麼樣的人，對我們的表現和行

為就會產生很大的影響。

—————————

　　修是某跨國大企業的美洲區總裁，一向主張選擇的力量，大力倡導，並鼓勵他的團隊和員工全心全意地體認這個事實。比方說，星期一早上大家正從週末休假的閒散中動員起來，修會滿懷感激地向上班的員工道謝。這讓大家覺得很奇怪，他們從來不曾因為只是來上班就被感謝；修解釋說，這是因為他知道大家的選擇。他們選擇進入這家公司，而不是去競爭對手那裡；他們選擇來公司上班，而不是待在家裡跟家人在一起。他感謝來開會的團隊成員，因為大家選擇同心協力一起合作，而不是各自為政單打獨鬥。修的態度對於員工的參與感產生重大影響，從公司整體的出勤率即可看出，而且大家對修表現出來的忠誠已經到了傳奇的程度。

—————————

　　但是你的選擇，是否讓你朝著自己想去的方向前進呢？根據心理學家的估算，我們每天大概會產生七萬個想

法。這可真是不少，平均每小時三千個，一分鐘就轉了五十個念頭。每個想法都可能成為一種選擇。但選擇有的是意識下的產物，有些則否。我從工作中發現，如果我們沒有做出明智的選擇，那就是有什麼因素阻礙了我們。

有一次我為一群高級主管上多元與包容的發展課程，我們談到怎麼幫助大家欣賞個人之間的差異。課程中，我們探討了偏見，包括有意識和無意識的偏見。有一位學員就說她知道自己對「懶惰的人」很有偏見，大多數的人也都點頭表示同意，因為大家都不喜歡不努力的人。我的確也是這麼想，但還是反省了一下，並且挑戰大家的思考，因為會去上班的人很少會故意選擇懶惰或表現不佳。我的經驗是，如果有人表現欠佳，必定是有什麼理由，因此在做出任何假設之前，我們是不是應該先去了解他不能發揮潛力的原因何在。我要求學員們考慮可能導致懶惰的原因，他們想出一些例子包括：

• 在家庭中遭遇到一些個人問題
• 缺乏執行任務的能力和技術
• 跟直屬上司或同事的相處有問題，因此缺乏動力和願望
• 因為不贊同組織的策略或文化方向

我指出，我們一定要很注意自己的想法，因為這些都會引導我們所做的選擇。認定某人懶惰，會導致我們選擇忽視、躲避或容忍這個人，而不是去了解到底出了什麼事。要是自己受到別人的忽視、躲避或容忍，你自己會作何感覺、如何回應呢？你一定無法表現出最好的自己，而且身為領導者，這種作法也肯定無法幫助對方認清自己的身分；必須找到癥結、排除障礙才能提升表現。

在意識層面上了解自己的選擇，是非常重要的技能，如此才能發揮選擇的影響力。能夠清楚地掌握自己的選擇，我們在人生中就不會只是隨波逐流的乘客，而能堅定地坐在駕駛座上駕御自己的人生。各位要是體認到，人生的一切其實都是選擇，必定會感受到一股自由。你不必再對周遭發生的各種事情逆來順受，而是學會深思熟慮地選擇自己的方式來回應。在這個禍福難測、充滿不確定性的世界中，我們慎重選擇自己回應方式的能力，才是挺身迎接挑戰和茁壯成長的要素，能讓你在各種狀況下都能保持主動，並且這也是選擇目的領導的必要條件。

4. 意圖的力量

意圖激發結果

―――――――

　　除了選擇之外，還有一個更深層的因素也有助於塑造心態：意圖。我們的每個行動、思慮和感覺都出自於某種意圖，而意圖即是對我們自身產生影響的原因。因此，我們所懷抱的每個意圖，不管是有意識或無意識，也都會產生某種結果。正因為每個行動、思慮和感覺都受到如此深刻的影響，我們必須對自己的每一個意圖負起責任。當我們有所打算，也就等於在這個意圖之中播下創造的種子。

　　比方說，一樣是過日子，我們可以活到老學到老地伴隨生命成長，也可以只是過一天算一天走過人生；我們對於他人，可以想方設法地給予激勵和啟發，也可以靜默忍

受不置可否；我們可以抱持創造新可能的意圖，也可以跟著別人庸碌前行；我們的意圖可以是目的領導，也可以是放任自己被領導。這其間的差別，就在於我們的一念之間。

我寫的第一本書叫做《雖然成功，但有些東西不見了》（*Successful But Something Missing*），說的是我到那時為止的生活和事業，我雖然完成了許多目標，卻感到空虛不已。我曾經以為成功就是做到清單上的每一件事，但我還是對於自己的每一天是否成功煩惱不已。這時候也只能自立自強，找到適合自己的藥，因此我有意識地要讓自己每天都成功。這對我來說是個陌生的想法，所以我必須採取一連串務實的步驟才能實現。

我的第一個行動是，每天早上在我的日記上寫下今天想要成功的意圖。不是明天、不是實現目標的時候，而單單是指今天。然後我問自己：「等到今天結束的時候，我怎麼知道自己是否已經成功？」於是我寫下三個重要標準，讓我衡量今天是否成功：

1. 激勵參加領導課程的學員
2. 幫助領導者發現他們的核心目的
3. 回家後能跟孩子一起相處

我抱著意圖採取行動之後，整天都是以此為依歸來做出選擇。我選擇每天運動，因為我知道運動讓我精力充沛，在上課時士氣飽滿。我選擇深入傾聽客戶，讓他們覺得自己受到理解。我選擇回家後跟孩子一起玩，而不是攤在沙發上像團爛泥！

　　這樣做的結果是，我和成功的關係也因之出現變化。我每天都能真正感受到成功的滋味，那不只是完成什麼任務而已。因為我想要成功，成功也就成為一種有所意圖的心態。

―――――――――

　　羅伯是個很厲害的業務員。他是某大媒體的銷售與收購部門總監，他的經營方式大概是我所看過最具侵略性的企業文化。當我們開始訓練課程時，羅伯正因為幾個既定目標忙得暈頭轉向。投資人和分析師對於公司的評價，全看他能否圓滿達成目標。那段期間，羅伯在工作和家庭都面臨極大壓力。羅伯已經結婚，有兩個小孩，但他很少有時間回家。就算回到家中，他也早就累壞了，完全無法保持清醒，而且心情也不太好。後來太太給他最後通牒：再不改變，這個婚姻就完了！羅伯菸不離手，抽起菸來是一

根接著一根。他說他這樣才能保持清醒。後來公司的醫生也給他下了最後通牒：再不戒菸，你就要倒大楣了！當我找他的同事進行回饋訪談時，第三個打擊清楚而響亮地到來：如果他在公司的霸凌姿態再不收斂，同事們再也不願跟他合作，他的日子就難過了。

那麼改變要從哪兒開始？意圖。羅伯答應來參加訓練課程，我讓他快速前進到人生的終點，回頭看看自己的一生。你希望在自己的喪禮上，看到、聽到、感受到什麼呢？我叫羅伯為自己寫一篇哀悼文，寫出他希望跟大家分享的，他在生活、工作、家庭和社會方面取得的成就。這是突破性的時刻。在他的反省和回憶中，沒談到不惜代價達成目標、家庭搞得快四分五裂，也沒說到抽菸惡習加速自己的死亡。出現在悼文的是，他的意圖是想成為偉大的領導者，因為他有能力培育他人、促進團結合作來提升績效，而受到大家的尊敬。身為人父，羅伯認清自己的真正意圖是想要成為充滿愛心、提供支持也洋溢趣味的爸爸，在養育孩子方面發揮積極作用。作為一個丈夫，羅伯確認自己的意圖是尊重婚姻，盡己所能點燃配偶心中的愛之焰火，不管現在那一燈如豆是多麼晦暗微弱。羅伯更寫道，

他最終的意圖是受到目的所啟發，這個目的就是：「讓世界變得更美好」。

回憶和反省結束後，我們再回到此時此地開始另一項練習，找出未來三年的意圖。我叫羅伯專注在未來的十二個月，他希望自己的意圖是什麼？「要把握現在。」兩年後他的意圖是什麼？「要受到啟發。」三年後他的意圖是什麼？「希望自由。」然後我們把每個意圖分解成一套明確衡量標準，讓他知道自己是否成功。這就是指導他未來選擇的路線圖。

羅伯對於成果感到驚訝。他幾乎是在一夜之間就戒了菸。過去多年他戒了好幾次都失敗，我問他這次感覺有什麼不一樣，他說每次想抽菸的時候，那個「把握現在」的意圖就會出來敲警鐘。要是他再繼續抽菸，就不是把握現在。這讓他有勇氣抵抗抽菸的衝動，終至戒除惡習。他也找來個人助理重新安排工作日程，每個禮拜一定要空出兩天可以準時下班回家，陪伴孩子，為他們說點床邊故事。他每個月都會找個星期天，請爸媽過來幫他看顧小孩，好讓他有機會跟太太重新培養感情，挽救婚姻。他主動向團隊和同事尋求幫忙，請大家指導他的計畫來達成目標，而且願意即時作出相

應調整，讓大家都感到非常訝異，而他做出的種種必要改變，不但讓工作得以持續，也帶來更好的成果。

　　　　　　　　　　░░░░░░░░░░░░░░░░░

　　「意圖」正是我們必須每天鍛鍊的領導力量。我建議大家，你每天都可以問自己這些問題，讓你不會偏離正軌：

- 你今天的意圖是什麼？
- 你今天要主持或參與的會議，意圖是什麼？
- 你即將要展開的對話，意圖是什麼？
- 你今天要上台做報告，意圖是什麼？
- 你身為朋友，意圖是什麼？
- 你身為父母，意圖是什麼？
- 你身為合作夥伴，意圖是什麼？
- 你身為社區成員，意圖是什麼？
- 你身為領導者，意圖是什麼？
- 你主持這家企業，意圖是什麼？
- 你作為一個人，意圖是什麼？

　　如何利用以上答案來促成改變和發展，可以用電視節

目「歐普拉秀」來做例子。歐普拉曾說：「管理我生活的頭號原則，是意圖。」她說她的最終意圖，就是成為對世界有幫助的力量。她曾邀請三 K 黨員參加節目，探索他們的仇恨根源，讓製作團隊都感到憂慮，歐普拉找來所有製作人開了一次大會議，她說：「我們現在要變成一個有意圖的電視節目。」大家當然要問：「這是什麼意思？」歐普拉回答說：「我們秉持著讓大家表現出最好自我的動機，繼續來做節目。我們要成為一股促進良善的力量，這就是最終意圖。」

根據你問自己的這些問題，你可以利用你的答案來指導你自己。比方說，如果希望自己主持的會議能讓大家充分參與，那麼你會選擇創造一種可以傾聽的環境，讓大家都能說出自己的想法，以大家提供的意見來形成共識。如果你身為父母的意圖是陪伴孩子把握現在，那麼一天工作結束後你就會回家，關掉那些吵個不停的電子通訊設備，不管孩子們要做什麼，你都會陪在他們身邊。

你可以隨自己高興，認真面對那些問題或者不當回事。但等到一天結束的時候，你的生活終究會反映出你的意圖。

5. 目的領導生活

追隨你的熱情

———————

　　探討了自動反應、選擇和意圖的區別，加上從行動心態轉變為存在心態，這條目的領導的道路正在貫穿你生活的品質。這一切都要從以目的領導為考量，謹慎設定意圖開始。

　　愛因斯坦曾談過一個觀念，他說：「如果我們在意識上處於與產生問題的同一個層次，那麼什麼問題也解決不了。」因此各位如果只專注在行動，就不可能達到目的領導。因為我們受到的訓練是採取行動，我們因為行動而獲得獎勵，所以我們沉迷於行動。但光有行動，並不能達到目的領導。

賈許是勉為其難才來求助的領導者。他公司人資部門的總監介紹我們碰面，但他可不太樂意見我。他不相信什麼個人發展，也不想跟哪個課程導師一起浪費時間。但他也沒有太多選擇，因為他最近參加一項評估未來的測驗，顯示他的領導風格有些老問題需要解決。評估報告說他太過吹毛求疵，讓底下員工很難過；不切實際的步調，讓大家沒時間提供優質成果，而且傾向過度指導，更讓員工覺得毫無自由。

　　開始的時候，我先詢問他的領導哲學，以了解他做了哪些事、為何這麼做，以及他對自己扮演的角色有什麼價值等看法。但他只是簡短回應。賈許說他不是個領導者，他只是一名技術專家（雖然他底下已經有三千多個員工需要帶領），他的角色只是達成某些數字目標。這時候我意識到，直接切入領導能力的問題並不是答案。我建議先退一步，尋找到目前為止塑造他職業生涯的因素，並探討對他未來的影響。他同意這麼做，但也很快告訴我說他的生活一向順遂，所以也沒什麼可說的。但是兩個小時後，賈

許的生活經歷還沒說完，所以我們不得不再安排第二天的課程。如此又討論了三小時，賈許描繪出豐富的前塵往事，並提及對他的職業生涯和領導能力的諸多影響。

從他過去經歷中，有三個重要價值觀凸顯出來：做對的事情、設定高標準，以及完成工作。這三個標準對賈許非常重要，源自他父親的強烈影響，而父親過去正是賈許的重要榜樣。當我們檢視他的目的時，賈許自己也不太清楚，只知道自己在變化中逐步成長，也勇於挑戰現狀。當目標向上提升，需要他竭力達成時，他的表現會最好。他也很看重對他人的忠誠，包括朋友和家人。我們探索了他的目的，最後他才有結論：「成為機會創造者」。這句話令他極感共鳴，也點燃他心中的熱火。

我問賈許，如果擺脫過去的想法，而是以目的導向來進行領導，狀況會如何？起初他不敢確定，因為具體想像起來並不容易。接著我挑戰他說，如果他每天都要成為機會創造者，那麼根據這個目的來領導，他要做些什麼？他的回答如下：

• 尋求公司成長的新視野
• 培養人才，鼓勵大家發展和成功

- 把問題當做是學習和不斷改進的機會
- 建立關係以取得更好成果
- 保持能量充滿，在自己的專業領域達到最高峰
- 留下遺澤。和他初來乍到時相比，為公司、產品和人員留下更好的條件和狀態

　　這些都是以目的為導向的證明，賈許也因此在內心注入動機，讓自己表現出最佳自我。然後我請他再想一想，要是這六個因素也能成為他自己領導架構的支柱會是怎樣。這下子他懂了。賈許第一次體會到領導統御可以跟他認為最重要的事情真正地連結起來，領導也不再只是乾巴巴的理論概念。

　　接下來，我們把他的領導架構框架進化成生動的領導方法，畫出如右頁的表格，讓他清楚了解自己的領導統御應該是什麼樣子。

　　接著我們讓賈許更深入思考，把目的領導也擴展到他生活中的重要領域。我請賈許好好想一下哪些是最重要的因素，可以證明他是朝著目的前進。最後他提出：培養家庭成就感、確保個人幸福、持續學習及成長、維護友誼和感恩回饋。我們把這六個項目包含在他的個人架構裡，整

目的領導架構

目的領導指標	成功狀況
推動公司成長	準時以預算完成目標收購
培養人才	確保高層領導團隊在年底前確立接棒人
持續改進	推動成長思維，讓每個人都為實施改革計畫負起責任。
建立關係	提供明顯的領導協助，強化與關鍵利益者的關係。
能量充滿	管理自己的健康，才能表現出最佳狀態。
留下遺澤	創造出適合工作、創新品牌及卓越客戶服務的好環境。

目的
成為機會
創造者

理出如右頁的表格。

　　賈許發現，把目的放在工作和生活核心之後，自然能夠把自己覺得最重要的事物整合在一起，不會再像過去為了優先順序時感矛盾和衝突。他在決策方面的品質也顯見提升，因為他很清楚自己目的何在，面對煩忙的日程安排也不再慌亂。

　　目的導向讓工作和生活跟過去完全不一樣，有助於建立明確的方向感和信念，帶動你前進。執行方法可以遵循第 134 頁表格中的步驟。

目的領導的生活架構

	個人目的指標	成功狀況
目的 成為機會 創造者	培養 家庭成就感	與家人共度美好時光，滿足每個人的需求。
	確保 個人幸福	培養良好習慣，維持家庭能量。
	保持學習和 成長	培養求知欲、開放心態和追求成長的熱情。
	維護友誼	與富有同理心的朋友多加親近
	感恩回饋	多做有意義的事，創造成效。

目的領導的步驟

1. 了解你的 目的	明確定義自己的目的，對於自己的人生也就有了絕佳信念。
2. 準備好你 的心態	每天花點時間有意識地下定決心，不管碰到什麼狀況，都要把自己的目的擺在首位。一整天忙下來你可能會忘了，但隨時都能重新設定意圖。
3. 定義成功 的樣子	明確實現目的之成果，知道你想創造出什麼，這些正是你秉持目的之證據。
4. 採取具體 行動	制定具體計畫的步驟，以遵循你的目的。
5. 檢討成果	一定要另外撥出時間來檢討進度和挑戰。這也是你跟信任知己分享心得的好時機。
6. 鼓勵別人 也以目的 為導向	當你鼓勵別人找到及實現他們的目的時，也會讓自己的路更清晰，必要時也可即時修正路徑。

第 4 章

「目的」技能包

1. 掌握 6 大基本技能

跟學習語言一樣，目的領導是門藝術，也需要技能

　　要是缺少目的領導的意圖，那麼什麼也不會改變。但除非你也掌握了以目的為導向的技能，否則還是難以持續那條依循目的之軌道。你會時常遭遇挫折，到了某個時候可能就會放棄以目的為指導的想法，因而無法貫徹它的價值。

　　好消息是，目的領導的確有一套明確定義的技能，要是各位可以付諸實踐，就能確保逐步實現目的領導。我堅決相信逐步修正、持續改進是最有力的作法，換句話說，各位要專注長期的逐步改進，而不是幻想一夜之間自己的生活就會天地翻轉。

不管是在工作中擔任領導或在生活上，下面六個目的領導的基本技能都能立即展現威力。

目的技能包

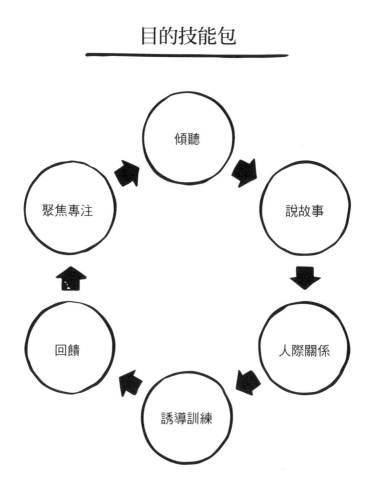

2. 傾聽的藝術

低劣領導的最大徵狀之一就是不能好好傾聽

　　你熱衷哪些事物呢？我在指導「目的領導」的配對練習時，通常會用這個問題來開發學員的傾聽技巧。大家都會有五分鐘的時間來了解自己的夥伴，成果也總是讓我感到驚訝。透過確實的傾聽，彼此之間在五分鐘之內所了解的資訊，往往比並肩工作甚至相處多年還要多。

　　在美國的某次課程中，有位經理和他的部屬一起做這個練習，這位直屬上司才知道部屬心中的一件大事。那個部屬每年都會要求休假幾天，帶他弟弟去迪士尼樂園玩，經理也總是准假，但從沒多問什麼。在這次傾聽練習中，他才知道部屬的弟弟是行動不便的殘障人士，一年一度的

迪士尼之旅是他整年最盼望的事。經理覺得很過意不去,
這麼多年來竟然都沒想過要問問看。

　　然後,我要求學員列出專業傾聽的特點。他們的回答
包括下面八個重點。

傾聽技巧

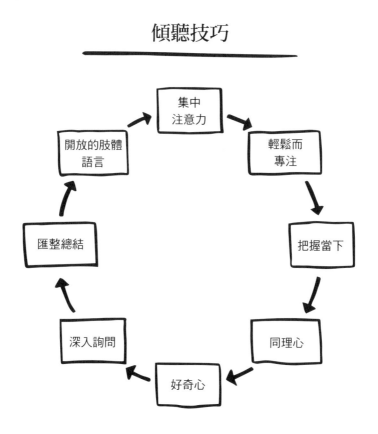

掌握好這幾個特點，你也可以成為出色的傾聽者。用心傾聽會對人際關係的品質產生深遠影響，因為傾聽才能將同理心化為行動。用心傾聽表示你在乎，這對對方很重要。它也會鼓勵你保持開放心態和好奇心，讓你能專注於對方，提出更深入的詢問，而不是只專注在自己的想法。我們必須克服現代社會在科技、時間和交易上的諸多干擾，才能用心傾聽。傾聽正是把目的付諸行動的一種方式。

　　我深入研究傾聽後，有兩個重要心得：

1. 談話內容的品質會決定傾聽的深入與否。換句話說，內容如果有趣生動，會吸引大家用心傾聽。

2. 聽眾的品質，也會決定溝通的成果。唯有用心傾聽，對方才能充分表達。

　　我在商場中發現，領導技能最弱的一環通常就是傾聽。比方說，有些很有能力而且對公司忠心耿耿的員工白白浪費幾小時（甚至是幾週、幾個月）準備資料向主管匯報，卻在會議上被無視對待，聽到這種事情總是讓我很生氣。那些員工在進入會議室之前通常已經很緊張了，因為主管會報的進度落後，所以員工被告知報告要簡短。他們進入會議室的時候提心吊膽，迎接他們的只有主管們冷漠

的眼光，有些人甚至還在講手機。當報告的員工想跟主管們拉近距離，卻被告知要趕快做報告、趕快講重點或提出自己的要求。這樣的環境絕對不會有利於傾聽，也無法鼓勵大家暢所欲言，為整個事業提升價值。事實剛好相反。主管們不能用心傾聽，會讓員工失望。有些非常有才華的領導者被迫退出商場，有時候正是欠缺傾聽技巧所致。

我清楚記得，以前公開演奏小提琴時，現場觀眾的傾聽與否會帶來很大的影響。如果是對一群心不在焉的孩子演奏，不時傳來竊竊私語、跺腳或咳嗽的聲音，往往會對我造成極大的干擾，讓我無法充分展現實力。相反地，眼前如果是熱愛音樂的觀眾，我就能展現出更優越的水準。

我們每個人天生都有很棒的傾聽能力。但它就像肌肉一樣，也需要常常伸展運用。傾聽可以分為五個層次，如下頁圖所示。

各位一定要留心這五種不同層次的傾聽，知道自己大部分時間停留在哪個層次，才能充分認識自己可以發揮多大影響力。你是不是根本心不在焉？你在飯店櫃台結帳時，是不是很擅長用點頭和禮貌的姿勢來偽裝自己？是不是別人說到你關注的議題，你才會特別留神，一旦話題轉

傾聽層次

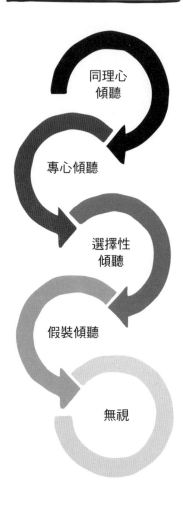

同理心
傾聽

專心傾聽

選擇性
傾聽

假裝傾聽

無視

變又開始失神？你真的努力集中心神，表現出關心，提出相關問題，發表有建設性的評論嗎？

　　傾聽的最高層次是同理心。這是你暫時拋下自我，表現出百分之百理解他人的誠意。你不是在等待空檔，想趁機展現自己的觀點。你並不是在對方思考過程中找碴，想看他出錯。你不是一再質疑對方，想逮到他的錯誤。你真正想做的，就是傾聽。同理心傾聽會帶來新的可能性、另類想法、更清晰的理解、更深入的感動，從而找到解決問題的方法和彼此之間的信任。

　　關於領導者，我聽過最嚴重的批評之一就是他們不會傾聽，這一點都不奇怪。你的傾聽能力一旦出問題，往往就很難改變。你會傾聽嗎？你的傾聽潛力是不是都已經充分發揮出來了？為了成為更好的傾聽者，你需要做些什麼？

　　傾聽的需要也不只限於工作場合。每當我問領導者，他們回家以後，傾聽層次是上升或下降，大多數人都出現了內疚的表情，承認回家後原本就不怎麼樣的傾聽能力變得更糟糕。那些領導者說，他們在家裡常常還是在檢查電郵信箱、因為工作的事情而分心，人在家中、心卻不在，

也沒仔細聆聽家人說話。

我訓練班上的一位模範領導者說，他規定自己回家時要把公事包和手機留在車上，一旦走進家裡就能好好傾聽家人的心聲，而不是沉溺在自己的小世界。另一位我培訓過的企業法務部主管甚至跟孩子們簽約，保證自己會充分傾聽孩子的心聲，照顧他們的心情。也許她出身法務部門，白紙黑字寫下來，才能更好地按章施行吧。

從各方面來考量，領導者要扮演的角色就是傾聽。而傾聽跟其他任何技能一樣，每天練習、養成正確習慣就會越來越好。

3. 說故事爭取認同

爭取認同的方法是透過故事

　　菲雅最近剛剛升任執行長。她以前雖然在公司擔任營運長，但員工們還是感到不安，覺得她這個人常常快速評斷他人，而且對於營業數字斤斤計較。雖然這些特點正是她升官的巨大優勢，但未必會在未來成為助力。那段時間我正好一直在指導她，同時幫她準備一場召集百位主管的公司外部會議。我知道她想在這一次的主管會議上傳達營業數字相關訊息，她的想法大概就是：「能夠達成數字目標，各位就安全；要是不能達成，你們就完蛋！」

　　菲雅給我看她的演說草稿，果然都是在談營運計畫要怎麼做、要達成什麼成果。我問她說，這場布達會議要怎

樣才叫成功，她說她希望可以激勵啟發自己的團隊，讓大家熱烈參與。所以我挑戰她，以她目前準備的草稿看來，可以達到這個目的嗎？不能。之前我們的合作已經超過一年，在這段期間完成她的工作和生活時間線練習，以找出她的目的和價值觀。她過去一些影響生活和事業的重要事件，就是一則動人的故事。我認為跟員工分享她的人生故事、了解她的心得和感想，就是跟團隊交心的好辦法，一定可以提升大家的熱情，爭取認同。

　　菲雅同意我的構想，用自己的故事當做大綱。我鼓勵她用一些私人照片，但不要用「PowerPoint」搞得像在業務發表一樣。她上台之後，一定要從自己的內心來說話。她利用自己的一些舊照片來帶出自己的一生，說出她想表達的重點。第一張照片是菲雅小時候就在她爸媽店裡工作，她說她在那兒學到工作倫理和對於客戶的服務熱誠。下一張照片是她上大學之前在亞洲旅行一年，當時帶給她最心酸的回憶之一，就是在印度的孤兒院做志工。她說到那群孩子的貧窮困苦無依無靠，令眾人動容。然後菲雅跟大家分享自己孩子的照片，她有兩個兒子和一個女兒。其中一個男孩子把頭髮染成藍色，菲雅因此談到自己珍視差

異，鼓勵大家表現出真正的自我。最後一張照片是菲雅在白朗峰的攻頂照，這展現她不懼艱險和超越巔峰的熱情。

對於菲雅的分享，團隊的回應是一致的讚揚和欣賞。她的人生故事彷彿是把所有的片斷都拼湊起來，完整呈現她一直以來的領導方式，她重視提供優質服務、努力工作、發揮潛力、多元與包容及實現卓越績效的核心驅動力。跟之前我們談過的蘇珊一樣，她不偏不倚地朝著自己的目的前進：「讓大家表現出最佳自我，邁向偉大」。她認識到，正是透過分享自己的故事，才是奠定目的領導的基礎，帶領大家跟她一起向前邁進。

故事產生連結，建立關係，提供人生的觀察和心得，這是最有力也最有效的溝通方式。目的領導就是要準備好創造及分享故事的技能，你的目的才會真正實現。首先是創造自己的個人故事，和大家分享。以下兩個例子，說明領導者運用自己的故事來連結眾人，建立領導所必要的信任，建立高績效團隊，並且向大家展現身為領導者所主張和擁護的價值為何。

保羅過去在快速消費品（FMCG）的公司擔任部門主管，當他轉行進入能源產業後發現自己要扮演的角色跟過去截然不同。新公司雖然是以堅如磐石的價值形成強大的企業文化，但是在巨大的政治和消費壓力下已然迷失方向。保羅自有一套明確目的和價值觀，希望員工團隊可以盡快知道他的主張，以最有意義的方式增進彼此的理解。我們在一家鄉村飯店舉行訓練課程，準備把這件任務搞定。作為前期工作的一部分，我們要求成員根據三個他們覺得重大的事件，來準備自己的個人故事，這三個事件必須是提供經驗教訓，塑造了他們的生活，而這些經歷又讓他們找到自己的核心價值觀。另外，我也要求他們回想過去的最佳狀況，以思考他們的個人目的。

保羅一開始就說了自己的故事，為整個活動定下基調。他用故事跟大家分享他的核心價值，包括專注、公平和家庭。他運用個人例子精彩生動地傳達價值觀，有位團隊成員說保羅的簡短故事馬上讓人知道他的為人，足可省下半年的摸索！團隊成員也紛紛效仿他。特別值得一提的

是，有一位最老資格的團隊成員，外表看來最是強悍，但她卻分享了個人最為私密和傷痛的故事，她在生產時曾經失去一個孩子。其他團隊成員沒人知道這件事，而以此為契機也釋放出團隊的同理心，這是之前大家都未曾達到的層次。

　　莎莉以前在銀行任職，最近轉行到服務業，從內控嚴格的銀行業轉到以合作為基礎的服務業，在企業文化上感受到很大的變化。莎莉的團隊對她最常見的批評，是她缺乏信任感。但她以前正是以信任為本，建立起高績效團隊而感到自豪，所以這個回饋意見對她可謂聞所未聞。我們決定舉辦一場發展會議來處理這個問題，探索根源何在。我鼓勵她運用講故事來建立關係，深入了解大家的想法。這讓莎莉有機會展現自己的脆弱之處，完全出乎團隊的意料之外，馬上就打破上下之間的隔閡，為日後以建設性方式來解決信任問題創造出適當條件。

要把故事說好，需要以下六種技巧：

1. 明確你的目的

要充分把握自己的目的，你的所做所言是為了什麼、為何要分享你的故事，大家才會理解和相信。要是一開始就欠缺明確目的，就難以發揮全力來激勵團隊、爭取認同。

2. 真心誠意

有能力展現真實自我，以公開透明的方式和他人產生聯繫，大家才會從你說的故事裡，真正認識你這個人。

3.「三」的原則

我認為不管要傳達什麼訊息，都要包含三個基本重點。

- 如果你要說的是你個人的故事，那麼請分享三個關鍵主旨來說明你的目的。
- 如果是跟公司願景有關，也請分享三個關鍵主旨來說明你要走的方向。

4. 故事必須簡短

有明確的開始、中間和結尾。簡短更具說服力，也更為清晰。

5. 運用創意

運用語言、比喻、意象、敘述和寓言來召喚情感，才

能強化故事內容，把事實更生動地表達出來。

6. 練習

　　說故事是一種你可以不斷改良進步的技巧。我剛進入這一行時，有位領導者給我很棒的回饋，他說我應該多多分享自己的故事，會讓我的演講更為真實感人。我因此更加磨練說故事技巧，如今大家都更看重我的故事，而且想聽更多呢。

　　不管你在職場上扮演什麼角色，故事都會加深信任。故事可以產生聯繫、發展關係，讓工作場所更加人性化、更有人情味。在社區中，故事可以化為溝通的橋樑。在家庭中，故事呼喚記憶、創造情感連結。我們現在這個世界，大家的關注力時時刻刻左搖右擺，因此充分掌握說故事能力正是激勵群眾、吸引他人的基本技能。

4. 誘導訓練強化領導

誘導訓練使人發揮潛力

　　誘導訓練是源起於蘇格拉底的學習方法，運用一問一答的方式來引出真理。它的運用範圍非常廣泛，包括父母教養子女、老師教育學生、朋友間相互支持、領導者激發團隊潛力，都能潛心運用誘導訓練以收奇效。誘導訓練的前提，是假設大家心中其實都有自己的答案，然後經過一問一答的探索過程，刺激對方深入地反覆思考，解決方案就會浮現出來。運用誘導訓練，是因為我們相信對方有潛力自己得出結論，否則我們很快就會回到過去的指導溝通方式，直接告訴對方應該做什麼。儘管立意良善，但長遠來看，直接指導對方該做什麼會降低自我學習的效果，讓

人難以發展實力。

‧‧‧‧‧‧‧‧‧‧‧‧‧‧‧‧‧‧‧‧‧‧‧‧‧‧‧‧‧‧‧‧‧

　　你現在心裡有什麼事嗎？這是我在誘導訓練課程中問大衛的第一個問題。 他自願在夥伴面前接受誘導訓練，那是由二十四位工程師組成的團隊。被問到這個問題時，大衛用手抱著頭，停頓了一下，彷彿要永遠沉默下去。他語帶沉痛地表示，去年他在公司進行的大型計畫失敗，耗費了數百萬英鎊，負責計畫的主任說他該負責。這件事讓大衛懷疑自己的能力，也讓他的名譽受損。大衛一直沒跟任何人說過這件事，包括他太太。

　　我給讓大衛一些空間來進行反省。我問他，希望從誘導訓練對話中獲得什麼樣的成果。他說希望可以找到解決問題的辦法，以及未來的前進方向。雖然只有三十分鐘，但透過一連串深入的探索和詢問，他了解到那樁計畫失敗絕對不是只有他的責任。於是大衛找到幾個切實可行的解決之道，首先是收集各方對於計畫的回饋和意見，以及他個人對計畫的種種貢獻等資訊。如此一來，他再回去找主管討論時才有堅強有力的事實做後盾，可以直接展開對

話，消除疑慮。如果是我直接跟大衛說他不必自己背負全責，叫他再回去仔細檢查實際狀況，我想效果不會像他自己得出相同結論那麼大。

―――――――

誘導訓練的重點在於釋放實現高績效的潛力。它的基本假設如下：

誘導訓練的假設

績效

＝

潛力－干擾

我們的表現，是潛力減去干擾之後的結果。換句話說，如果我們能夠找到問題癥結，降低干擾、排除阻礙，潛力就更可能轉化為績效。這需要專注在問題的根本原因，不要被一些不重要的問題分散注意力。運用誘導訓練，通常就能從學員個人或團隊裡找到真正能解決問題的

方法。誘導訓練的作用，是幫助大家認清問題核心，因此而激發出新的可能性。

誘導訓練是不直接下指示，幫助學員自己去找到答案的學習方法。我認為這是我所知最有效的方式，可以提高學員對問題的認識，引導出新的見解、產生新的行動。我們的大腦都需要時間來解壓縮，而誘導訓練可以讓大腦前額葉皮質區的活動降到最低，這是負責邏輯思考的區域。事實上我們在碰到許多問題的時候，都需要先暫時離開理性思維，才能從新角度找到新見解。而回憶和反省會刺激大腦右半球的活動，這是強化透視觀察的重要區域，讓零散的資訊逐漸形成看法。當新觀點確實出現後，就會開始快速釋放腦波，所謂的「伽馬腦波」，表示大腦各個不同區域正在加強聯繫溝通。新見解一旦出現，我們才能進入跟過去不同的狀態，決定採取哪些正確的行動。

━━━━━━━

蘇菲亞是我所見過，最有動力又最聰明的領導者之一。她最早是策略顧問出身，後來進入一家全球性的保險組織工作。我們為她進行誘導訓練，是從她在公司擔任行

銷長的新角色開始。這在責任上是個巨大轉變，表示蘇菲亞必須帶領一個橫跨世界各地，總數有幾千人的大團隊。過去以來，蘇菲亞對於自我價值的評估，通常是在於推動大型計畫並以此取得傲人成績。但現在蘇菲亞必須發揮領導能力，而且激勵團隊提出創意和構想。這對蘇菲亞來說實在是個痛苦的過程，因為她原本希望的是親自執行任務做活動，而不是擔任領導。

蘇菲亞過去已經接受過幾次誘導訓練，也多次獲得回饋意見。但這麼多年來，每當她聽到一些類似訊息，還是覺得十分沮喪。儘管大家都說她很聰明，熱情洋溢且進取心十足，但是她往往陷於過度管理，有時甚至太過強勢而咄咄逼人。在讓蘇菲亞尋求回饋意見之前，我們先想辦法讓她在該扮演的角上安頓下來，並且找到她的目的，再去推展計畫。她知道目的這套概念，但到現在為止也還沒得到確切結論。我在幾次會議上持續地挑戰她，讓她繼續深入探索。她提出一些關鍵主旨，包括簡化複雜、尋求進步和促進夥伴合作關係。我請她繼續反省思考，到底什麼會帶給她最大的意義和價值。

蘇菲亞的思考引導出要完成某種改變的新觀點，過去

誰也認為她辦不到：激勵他人完成不可能的任務，並且實際做到確切的改變。這些新見解的核心信念是：「事情總有進步的空間，這裡頭沒有任何限制，你可以全力發揮」。經過進一步的反省和思考，蘇菲亞體驗到頓悟的那一刻，把「鼓勵確切改變」作為她的目的，這需要三個關鍵條件來支持：樂觀、勇氣和真實性。

蘇菲亞設定目的，讓她充滿活力，這是她承擔領導者的催化劑。她了解到實現目的之唯一方法，就是要先爭取認同，提升大家的參與，而不是自己包山包海做所有的事情。對於這次誘導訓練的過程她非常感激，而且承認，如果我只是直接指示她要怎麼成為高效率且鼓舞人心的領導者，她可能會拒絕接受。誘導訓練透過反省思考，提高她對自己和環境的認識，並創造出新見解。然後採取必要行動來領導團隊，也就是水到渠成的自然步驟。

誘導訓練必須相信對方心中已有答案。但我們在聽人說話時常常迫不及待就想打斷對方，把自己的觀點說出來（傾聽時間平均只有十八秒），這種情況實在很常見。誘導

訓練就是要你先擱置自己的意見，專注地引導出新觀點。我的誘導訓練技巧學習自歐洲商業訓練創始人格雷姆‧亞歷山大（Graham Alexander），後來我們還合寫了一本書《超級誘導訓練》（*SuperCoaching*）。格雷姆跟我說過一個他1970年代初期在麥肯錫公司培訓高級合夥人的故事。他對麥肯錫團隊演示誘導訓練後，有個資深合夥人當面吐槽說，幹嘛不直接跟學員說應該做什麼就好，這樣更快也更好吧。格雷姆閃電般回擊說：「你身為教練的作用就是要提出更好的問題。要叫對方照你的意思做很容易，但要引導出一個很棒的回應可是困難許多。」出色的誘導訓練是要把答案從對方那裡「引導」出來，而不是「逼迫」他們服從。

在任何條件下，誘導訓練所需技能都包含以下三個明確領域（如右頁所示）：

1. 存在

誘導訓練要求你必須真心誠意地專注現場，不帶批判地引導對方表現出最佳自我。

2. 行動

誘導訓練很簡單。就是觀察後提出深入問題，傾聽和

誘導訓練技能

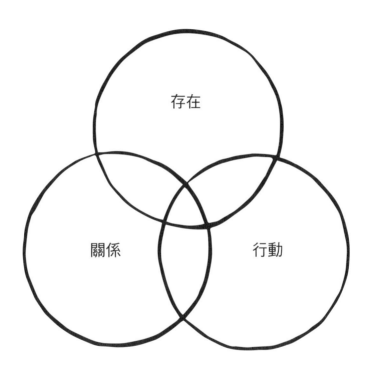

理解，並且匯整總結新見解。你可以運用最流行的對話建構模式「GROW」：

- 目標（Goal）：定義對話的主題和具體結果
- 現實（Reality）：探索成功的模樣，找出應該彌補的差距
- 選項（Options）：創造各種可能性來解決問題
- 總結（Wrap-up）：測試選項、選定確切行動

3. 關係

誘導訓練的基礎是信任、尊重、支持和挑戰，這些都是形成強大合作關係以加速發展的關鍵因素。

目的導向的領導者必須全心全意釋放出他人的潛力，並採用誘導訓練讓他們全力發揮。

5. 有效的回饋

回饋是鼓勵的藝術

─────────

「我想給你一點回饋意見……」各位對這句話有什麼反應？高興還是害怕？遺憾的是，在組織裡，回饋通常跟表現欠佳有關，幾乎都是來自上面的批評。但事實上它應該是剛好相反的東西。回饋的真正定義是：「鼓勵的藝術」。在提供回饋時，我們是在鼓勵對方繼續做他們已經做得很好的事情，或鼓勵他們做一些不同的改進。而在尋求回饋意見時，我們是在邀請對方檢視我們已經做得很好的事情，提供新觀點，看看還有哪些改進之處。

我很少碰到可以健康交流回饋的組織。而那種根據績效考核週期，每年徒具形式又生硬地回饋兩回的，更是糟

糕。大家在給予有效回饋的能力上普遍存有差距，我也常常碰到一些拙於回饋的領導者，他們往往因為無法提供有價值、富有觀察力的回饋而苦惱。

━━━

有個星期五傍晚，我下班後正在回家的路上，電話響了。我不太想接，不過我看到是誘導訓練課上某個高級主管打來的，瑪麗會在這個時間打電話來有點不太尋常。她簡短問候之後，直奔主題：「我要辭職了，我們那個執行長，我已經受夠了！」我插話問說：「在你辭職之前，先告訴我發生什麼事？」她說她今天早上向董事大會做報告，事前做了很多準備以確保成功。董事會對她的貢獻熱情回應，提出很多問題，也對她的回答也十分滿意。但是當她傍晚要離開辦公室的時候，執行長探頭進來說，早上那個會議可不是她的最佳表現。當她要求更多回饋時，執行長只說她應該準備得更充分，才能產生更大的影響力，然後人就走了，完全沒提供瑪麗任何可供消化的具體資訊。他沒問過瑪麗對那場會議有什麼看法，而且如果真沒達到董事會期望的話，大家在會議上幹嘛不說呢？

這正是回饋不佳的典型案例，很可能因此帶來不好的結果。我鼓勵瑪麗等下週一上班時再去找執行長，要求對會議過程進行適當檢討，要是能從中得到一些寶貴意見，她也可以用正確的態度來接受。星期一中午我收到瑪麗的簡訊。她說她週一早上就先去找執行長，請他把上周五的批評說清楚。讓她很驚訝的是，執行長根本不記得自己說過什麼，甚至跟她保證事情都按計畫進行了，如果還有什麼事會再通知她。幸虧她沒有反應過度而遞出辭呈，但毫無疑問的，在不恰當時機提出未經思考的回饋，實在是非常值得重視的問題。

─────────────

與此鮮明對照的是，另一位執行長面對多位直屬部屬還是處理得井井有條，並提供深入回饋而獲得員工愛戴。這位執行長吉娜對於培育員工充滿熱誠，一向為幫助員工成長、發揮潛力提供深度思考。她每個月都會空出一天留給團隊，每個成員都有一小時的執行長時間，但要怎麼安排則由員工自己決定。吉娜很明白地告訴員工，這是他們的時間，由他們自己安排，只須提前告訴她想從會談得到

什麼。大多數成員都是用來討論工作相關問題，以及個人發展方面的主題。但是她對雙向回饋的進行，也設定一個「四比一」的規定，也就是在提出一項個人缺失或盲點的事例時，也要提出四個有效表現的例子。吉娜知道有項研究指出，我們的大腦在承受一個負面批評時，必須得到四個正面評價才得以平衡過來。這是因為我們往往比較在意負面因素，所以在消化負面批評時更需要正面消息來平衡情緒。

　　吉娜每個月都會收集一些案例，包括團隊及成員的特優表現，或是一些可供改進的地方。她特別設了一個檔案夾來存放這些資訊，並要求團隊也收集她的類似資訊。因此這個團隊在回饋方面具備非常強大的力量，對於給予和接收回饋都有明確的期望。事實上，大家都因此很喜歡接受和提供回饋，不一定要等到每月一次的一對一會面。他們也已經養成習慣，在每次週會的最後大家一起檢討合作方式有無效率，並且在相互檢討中經常發現極富建設性的對話。他們運用最簡單的對話架構：「哪些方面運作的很不錯？」以及「哪些方面應該採用不同的方法？」來引導出新觀點。團隊成員彼此也同意，同事之間可以用非正式

的方式來提供及接受回饋,相互砥礪鼓舞。這表示回饋已
經成為日常不可或缺的互動,可以讓彼此表現出最佳狀態。

───────────────

經常給予及接受回饋,才會讓領導者和團隊都獲得好
處,網球教練如果每年只給選手兩次回饋,或許早在下一
次建議之前,選手就輸得慘兮兮了。但是商業界卻還是有
人認為,高績效主管就算欠缺回饋也可以維持最佳運作。
這個錯誤前提導致士氣低落、團隊誤解、績效不彰,也難
以達成目標。有效回饋可以透過下面三項關鍵技能來提
供:

1. 意圖

如果你的意圖是要幫助他人學習、成長和改善,那麼
不管你提供的訊息是多麼難以理解,接收者也會回應初始
意圖。要是你的意圖只是想暗中破壞,那麼資料訊息再怎
麼準確無誤,也發揮不了任何效果:接收者會針對你的意
圖展開回應,再好的資訊也難以增加任何價值。

2. 情感

回饋通常伴隨著情感脈絡,也許是積極正面的情緒,

例如讚揚、欣賞，或者是消極負面，例如沮喪挫折。因此，管理好自己的情緒非常重要，這樣人們才能領會到你的意圖，而不是情緒。我會鼓勵領導者多多使用表達讚揚欣賞的話語，例如說：「我覺得你的領導最好的特點是……」或者「我認為你在某某方面做出很不一樣的成績……」這些話語都有助於消除情緒影響。

3. 資料訊息

數據資料的回饋必須具體、及時，並且是針對行為。比方說，要求一個內向的人變成外向，這一點幫助也沒有。他們需要的是一些具體的行為建議，例如在開會時多多提出問題，大家會認為他的確熱烈投入，或者是更多的目光接觸，也會帶來更大的影響力。

學習好好回饋，正是展現出你幫助大家做到最好、實現卓越績效並推動學習和發展的決心和承諾。

6. 領導即是人際關係

沒有人際關係，就沒有領導統御

─────────

　　我曾在新加坡的洲際飯店集團主持「目的領導」課程，當時主要是針對亞洲、中東和非洲（統稱「AMEA」）地區來進行。有位參與課程的總經理曾在南非約翰尼斯堡負責管理桑頓大樓的洲際飯店，那是南非總統曼德拉在任的最後一年。當時他的飯店舉辦慶祝會恭賀曼德拉總統即將功德圓滿。因為是主辦單位，這位總經理可以親自迎接曼德拉總統大駕光臨。曼德拉雖然來得稍稍晚了一點，但還是花了十五分鐘和這位總經理寒暄問候，又問了許多問題，來增進彼此的情誼。這次互動的影響，帶給這位總經理終身難以磨滅的印象。曼德拉寬容慷慨的精神和悲天憫

人的胸懷，令他自愧不如，更激勵他日常與員工和客人的聯繫和溝通，都要以之為榜樣。

目的領導所需要的技能中，如果有一項特別重要，那就是建立有意義且持久人際關係的能力。我甚至可以說，領導就是人際關係。以目的導向的領導者，就是要建立符合目的之人際關係。欠缺明確目的感的領導者，只是在做買賣、做生意，而不是真正跟他人連結在一起。

人際關係是有效領導的重要元素，我還沒碰過有誰不同意這個原則，但是我看過的領導者中，也很少有人具備高超技巧，可以建立符合目的之人際關係。最常見的狀況是，雙方因為必須完成任務才形成關係，而不是領導者表現深刻決心和承諾，把人際關係放在首位。

艾倫是建立牢固關係的大師，在建立互信互諒的夥伴關係上始終不遺餘力，這就是他的領導基礎。作為一家全球性組織的執行長，艾倫一定有很多需要優先考慮的問題，但他永遠不會忘記人際關係才是他的首要任務。他是領導力培訓發展的堅定擁護者，而且會撥出很多時間來參

與我的課程，分享他在領導方面的故事，展現出明確的領導能力。在打造人際關係上，艾倫有各種各樣的技能可資運用。

他在籌備會議之前的準備工作之一，是先弄清楚誰會參與，並且深入了解他們最近在公司取得的成果。他開始發言的時候，繞著團隊成員做些簡單介紹，特別指出每個人的不同成就。這讓大家都感受到自己受到重視，馬上留下深刻印象：執行長花這麼多時間來了解自己的所做所為，他必定是真正關心大家。然後艾倫會鼓勵每個人發問，不管他們想問什麼都行。他會對每個問題詳細記錄，然後在說故事的過程中，把那些問題巧妙地編織進去，做出回應。

有一次，艾倫一早就來參加我們的課程，原本預定是一小時，但最後延長到九十分鐘，這是我所看過最富洞見的會議之一，與會成員個個都被深深影響。原本他還要去開另一個會，儘管時間已經遲了，他在離開時還是又停留了幾分鐘，讓任何想過來說再見的人都有機會握手道別。他的這些作為都傳達出一個訊息：他很看重每一個人，而且真正關心他們。

跟艾倫形成鮮明對比的另一個跟我合作過的所謂的領導者，他對我在該組織中的目的領導課程，可說是心不甘情不願，參與得十分勉強。這位領導者是在課程開始後才上任，對於人際關係之類的議題毫無興趣。他在公司擔任行銷主管，在提供數據資料和推動促銷活動上令人眼花撩亂，但對於跟他人往來的興趣，實際上就是個零。我在課程中不得不為他逐字逐句地編撰講稿，希望他跟團隊能夠更為緊密，結果他在場反而讓大家感到不自在，也許一開始就不出現反而比較好。他離開會議室以後，我要求團隊提供回饋，以確定大家是否都掌握到重點。於是學員開始分享一些該領導者過去在公司中的所作所為。大家都會躲著他，不願意跟他一起搭電梯，因為就算跟他站得那麼近，他只是忙著打電話，這種經驗實在讓人尷尬又痛苦。他在會議上跟大家的互動，只停留在好像是在做買賣做生意的層次，而無情感互動。員工在公司裡頭也幾乎看不見他，他都躲在自己的辦公室，很少在各樓層走動，主動去了解大家在其領導之下是如何做事。

建立符合目的之人際關係，其關鍵技能是：

1. 定義每段關係的成功模樣

每段人際關係都自有其獨特風味。你越清楚在那段關係中怎樣才算成功，越能運用更好的方法，創造更好的成果。

2. 懂得包容

每個人都不一樣，有著不同的思維方式，處理資訊、形成信念、表達情感、展示才華等的方式也各有不同，以不同的方式各自在社會環境中生活，喜愛不同的工作方式、與他人締造人際關係。珍惜多元、包容差異，才能讓每一段關係都展現出最好的模樣。

3. 設定明確的期望

人際關係的核心其實是管理期望。互動雙方之間的預期和想要避免的狀況，都要慎重考量，彼此取得共識。

4. 溝通、溝通、再溝通

一定要掌握溝通技巧，才能成為優秀的溝通者。也就是要學會傾聽以求理解，透過清晰的敘述，檢驗雙方的理

解，在解決方案上彼此達成共識。

5. 欣賞與讚揚

你對人表現出欣賞，就會增加價值。珍惜人際關係並以之為重，就能在工作和生活中獲得重大的價值。

了解人際關係的變化，會讓我們更容易掌握各種狀況，也能更適當地進行管理。我發現大家對於策略活動、專案或任務，都會事先進行規畫，但我很少看到有誰在建立和培養人際關係時，也會先進行規畫。人際關係可能出現七種階段（如右頁圖所示），對此加以掌握可幫助各位引導進展。

人際關係在早期階段，比方說某個領導者剛上任，通常會喚起強烈的「欣賞」感覺，大家「認可」他們的優勢，對未來充滿樂觀。時間一久，熟悉度增加，也就會產生「期望」。但這些期望通常不會明說。期望無法獲得滿足，就會帶來「失望」（即使他們一開始並不曉得在期望什麼！）。失望一旦累積，心裡就有抱怨、牢騷。這趟關係之旅的最後是，大家想維護自己的觀點，證實自己對他人的看法「正確」，會去收集證據來證明自己是對的。那種閒言閒語最常在茶水間的咖啡機旁或走廊通道上出現。

人際關係七階段

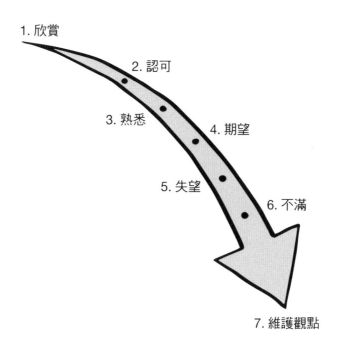

1. 欣賞

2. 認可

3. 熟悉

4. 期望

5. 失望

6. 不滿

7. 維護觀點

雖然人際關係如此進展的確讓人沮喪，但還是有改善的希望。要讓關係回到認可和欣賞，就需要適當地管理期望。所以明確地了解彼此之間的期望並達成共識，就變得很重要。

　　傑諾米是個有抱負又有能力的一流好手，公司的執行委員會相當器重他，想讓他快速地更上一層樓，因此晉升他擔任新職位，帶領一個新部門，並有了一個新主管。結果很不幸，最後成為一場災難，他在三個月內從英雄變成狗熊。他跟他新上司的關係似乎注定會失敗。他們兩個雖然都是積極進取、個性強烈，但在傑諾米擔任新角色之前，雙方並未明確設定期望。

　　我接到求救電話，請我過去主持雙方的會談，以尋求解決辦法。我一開始就請他們把雙方關係的成功模樣說清楚。對於未來要達到怎樣的成功，雙方看法一致，而且都躍躍欲試。接著是要說明雙方對於一起合作有什麼期望。傑諾米的老闆說她希望雙方的互動比較緊密，每週報告一次進度。而傑諾米則希望可以自由選擇合適的方式來處理

工作，只要能夠達成目標即可，他可以每個月向老闆報告進度。於是他們兩個看到彼此之間的差距了。他的老闆現在知道自己為何感到沮喪，因為傑諾米顯然不願遵從她想要的方式；傑諾米也看出他哪裡沒有達成上司的要求。於是他們一起設定幾個共同合作的期望，讓彼此之間的關係能重新回到比較好的狀態，一起珍惜共事的機會。

　　這世界有很多工作不必領導他人。但你若是想要領導，就一定要學會掌握人際關係。

7. 專注力的訓練

少即是多

———————————

　　我們生活在一個注意力不斷分散的世界。根據雷迪卡蒂集團（Radicati Group）的電子郵件統計報告，2015 年電子郵件每日收發超過 2050 億件，平均每人大概都有 122 件電郵。這個數字預計在四年內以平均每年 3％的速度繼續成長，到 2019 年時每日電郵件數將會高達 2460 億件。

　　再加上身為領導者總是日理萬機，要做出更多成果＋更快＋更便宜＋更好＋更多競爭＋全球市場＋更少資源＋持續不確定性＋安全問題＋兼併收購＋每週七天／二十四小時待命。

　　難怪要專注在最重要的事情，越來越困難。以核心目

的為定錨，表示你知道哪些事情最重要，才能幫助自己在
現代社會中大步邁進。

西蒙剛剛在執行委員會中晉升到夢寐以求的角色，這
是渴望多年的職位。然而兩週後我們跟他碰面，進行每個
月的訓練課程時，發現他已是瑣事纏身，四面重圍。我們
開始和西蒙對話，談他心裡在想的每個問題。結果我找到
四十三個挑戰，他把它們寫在便利貼上，貼在他辦公室的
牆上。他說他現在是極度「擠壓」，力求表現的壓力超大，
也無法進行新職位必要的改變。我問他成功的樣子，他說
是「聚焦專注」，也就是確認什麼是最重要的，能夠慎思
明辨地採取行動去處理每個要求。我們把那些大大小小的
問題分為三個種類：一、激勵啟發；二、策略；三、人事。
西蒙說他要是缺乏激勵啟發，不能表現出最佳狀態，他就
會失敗；如果他不能重新擬定策略，整套作業也會失敗；
要是找不到合適的人，那麼這一切也都推動不了。

我們先釐清他的目的：「做出具體實在的改變，讓好
事發生」。西蒙原本是工程師出身，他的核心驅動力是了

解細節、解決問題、採取行動。他說他在執行委員會扮演更大角色，有更多複雜問題需要處理，但過去的應對策略並無法應付新需求，快速運轉。我們把西蒙的目的應用到那三類問題，我問他說：「你的新角色如果能提供更大機會做出具體改變，會是怎麼樣呢？」西蒙在職務晉升後第一次深深吸一口氣。他說如果是這樣的話，他一定會受到鼓舞和激勵。「如果重新制定策略有助於實現目的，又該如何？」西蒙這時看清整套理路，決定重新關注策略問題。「如果讓合適的人擔任正確的角色，能否幫助推動目的？」西蒙這時戰力充滿，說他已經知道正確方向，可以繼續前進了。

─────

《EQ》的作者丹尼爾·高曼在他的書《專注的力量》（Focus）中指出，我們的關注能力是由大腦兩個非常不同的部分相互作用而產生。那個演化歷史較早、層次較低的大腦，主要是在意識之外運作，不斷監視來自感官的訊號。它像是個警報系統，提醒我們注意周圍環境的變化、身體疼痛和過去的焦慮記憶。神經科學家說這種「由下而

上」的注意力，是一種衝動，它不受意識控制，通常是由恐懼和其他原始情緒所引發。大腦的另一部分，即新皮層，是後來演化出來的外層。這種由意識主導，「由上而下」的注意力讓我們能夠過濾干擾，把注意力集中在特定任務或思緒上。當我們的注意力在大腦這兩個部分一直跳來跳去時，把握住目的就能強力提升「由上而下」的專注力。

除了目的之外，還有一些方法可以幫助提升專注力。這些都是在漫長歷史中從各種不同背景和時代發展出來的技巧，適合不同的生活方式和個人偏好，包括以下六種技巧：

1. 正念

我十六歲的時候，我媽帶我去聽關於冥想的講座。這種簡單有效的心理技巧，能讓我們的大腦發展出強大的覺知狀態，我極度熱衷。四十多年後的現在，「正念」已經是許多公司和組織常常推展的活動。正念意味著「關注」。它會高度提升你對事態發展的覺知，不再只是反射性的自動反應。

練習正念只要花五分鐘就夠了。在椅子上坐好，兩腳

貼緊地面，把注意力放在呼吸上。吸氣、吐氣，吸氣、吐氣。思緒開始徘徊飄移時，要注意它的動向（比方說是想到工作、任務、對話、問題或什麼噪音等），再把注意力帶回呼吸上。不必刻意抵抗思緒遊走的自然衝動，而是訓練它回到當下。這個訓練在睡前或剛醒來時做最好，不過各位要是在白天也能找到五分鐘練習一下也不錯。

2. 運動

我們都知道運動和健康的關係，也知道要經常運動，但還是有很多人沒有把它排進日常行程。關鍵是要找到適合你的運動。儘管大家可能都有不同的偏好，不過各位要是按照英國國民保健署（NHS）最簡單的指導來做也就夠了：「為了保持健康，十九歲到六十四歲的成年人每天都要動一動，每週至少進行一百五十分鐘適度的有氧運動，例如騎自行車或快走，每週至少兩天進行肌力訓練，鍛鍊全身主要肌肉（包括腿、臀、背、腹、胸、肩和手）」。運動對提升專注力非常有效，藉由提升身體能量、平撫情緒，就能幫助我們集中注意力、強化衝動控制、提高記憶力和支持生產力。

3. 營養

二十歲出頭，就有人叫我吃素食。雖然對身體算是個震撼，但我很快就適應素食的簡單樸素。不過我還是會想念某些食物，尤其是白肉和魚。從那以後我特別注意自己的飲食習慣，最近又跟彼特・威廉斯（Pete Williams）合作，他是運動和醫學專家，提倡推廣「功能醫學」（Functional Medicine），幫助大家保持健康。重要的是小心分辨各種食物，有些可以提升注意力，有些會防礙專注，應該避免。

4. 書寫

書寫的樂趣之一，就是可以消除身邊其他的雜音，讓我全神貫注在自己正在思考的事情。而且這也是個不太容易的挑戰，因為書寫必須非常專注，相當耗費心神！有一種很有效的書寫技巧是來自茱莉亞・卡麥隆（Julia Cameron）極富開創性的著作《創作，是心靈療癒的旅程》（*The Artists Way*）。茱莉亞解釋說：「晨間隨筆就是隨你高興寫下三頁，完完全全的意識流，早上起來第一件事就是寫寫寫。晨間隨筆沒什麼對或錯的方式，這不是在搞藝術作品。你愛寫什麼就寫什麼，想到什麼就寫什麼，反正只

給你自己看。晨間隨筆可以激發、澄清、安慰或是哄騙你自己，晨間隨筆會讓你知道今天這一天才是優先，讓你和手頭上的這一天步調一致。晨間隨筆不必想太多，反正就是寫三頁，寫什麼都行……然後明天再寫三頁。」不管是什麼主題，如果你想提升專注力，就寫下來吧。

5. 思考

　　領導者最常抱怨的事之一，就是沒時間思考。這的確是個大問題，因為我們付錢找領導者，就是需要他們多多思考，而且思考的縝密與否會決定成果的好壞。思考越深入，成果就越好。要是你忙到沒時間思考，那肯定就是太忙了。你一定要戒除沒完沒了的忙碌沉迷，找到時間來思考。就從每天五分鐘開始吧。你在哪兒最適合思考呢？洗澡、散步、健身房運動還是搭車通勤的時候？我從來沒聽過哪個領導者說他坐在辦公桌前面對著電腦螢幕最能用心思考，或者在開會開個沒完的時候。你要怎麼做到最好的思考？反省、書寫還是利用對話？我看過關於思考的最佳讀本，是南希・克萊恩（Nancy Kline）在《思考的時間》（*Time to Think*）所推薦的方法。南希認為創造出思考環境，需要十個條件：注意力、平等、輕鬆、欣賞、鼓勵、

感受、資訊、多元、敏銳提問和地點。注意這十個條件必定可以提升思考效率。

6. 對話

　　研究指出，領導者的時間大概有 73％ 都用在對話上。與人談話也算是工作之一，而身為領導者，你一定要磨練對話技巧，成為偉大的對話大師。良好的對話可以聚集焦點，糟糕的對話則會分散注意力。對話的核心是同情心。我們必須做好準備，去包容別人的世界，才能創造出共同的理解。

　　找到目的領導的關鍵技能後，我的建議是以九十天時間，單獨針對一項技能改善提升。也就是說，在十八個月的期間內，各位要在傾聽、說故事、誘導訓練、回饋、人際關係和聚焦專注六大技能上加緊練習，做到最好。找到自己的目的，從行動心態調整為存在心態，再配合必要技能的磨練，你就準備好把目的化為行動了。

第 5 章

在工作與生活中
實踐「目的」

1. 領導力要素

人們會忘記你說的話，但他們會記住你給他們什麼感覺

———————

　　班夫是加拿大艾伯塔省班夫國家公園裡頭的度假小鎮，我曾在那裡發表關於領導力的主題演講。位處洛磯山脈群峰之中，這裡的自然美景令人振奮，挺適合挑戰能源企業的高階主管，帶給他們更多鼓舞和啟發。

　　我當然期待自己能夠發表一場生動的演說，但我更加感興趣的是向另一位演講專家比爾‧喬治學習。比爾是哈佛商學院資深教授，2004 年以來一直開設領導課程。在此之前，他曾是醫療科技公司美敦力的董事長兼執行長。他的演講題目是「真實領導力」。我那天獲得的真知灼見是：「真誠實在的領導者不斷地自我成長和發展，提高自我意

識，改善和他人的關係。他們不掩飾自己的缺點，而是努力去理解它們。時時提升自己的能力，這是一輩子的事。」

我是終身學習的熱烈擁護者，我也發現人類有些行為缺陷，的確需要管理和克服。我一直在跟某些所謂的專家相對抗，他們認為領導力不難，有一些快速解決的辦法。當我們追根究柢探索本質，我也贊同領導的核心其實就是「真誠實在」。事實證明，全球大企業培養的領導者，也大都專注在真誠實在。

問題是要怎麼做到真誠實在？要真誠地做你自己，就要先了解自己。你必須徹底了解自我，才能做好真正的自己。各位可以想一想，你在各種不同領域學習知識與專業，諸如科技、金融、商業、法律、銷售、行銷、一般業務、學術及各種個人技能時，曾投入多少時間、精神和專注力。但我們又花了多少時間、精神和專注力來了解自己呢？我敢打賭兩者相距很大！

自我了解的核心，其實就是你的目的。所以，發現和實現自己的目的，也就是讓你活出自我的捷徑。

肯恩是個不情願的領導者。他的數字能力優異，透過對金融事務的深入理解，開創出許多解決方案，在金融領域幹得有聲有色，也因此在業界享有盛譽。因為能力優異，所以他的職位不斷晉升，接下來就要擔任高階主管的位置。在領導訓練課程中，我最先向他提出的問題之一是關於他的領導方法。肯恩承認自己並未對此多加思考，在目前這個階段，他認為分心去煩惱領導的問題，會妨礙他最擅長也最重視的數字工作。他認為在領導方面扮演更大的角色，反而讓他無法做好真正的自己。我問他，要是擴大領導職權也能讓他表現出更真實的自我，這可能會是怎樣的狀況？肯恩不接受這個想法，但他不排斥去探索一下。

　　我們開始訓練課程後，先定義他的目的和價值觀。肯恩克服原本的不情願，很快就發現自己的核心價值就是真實性，並且明確表達出他的目的：「保持真實」。因此，肯恩即以真實性為基礎，發展他的領導力架構。我們先搞清楚他對真誠實在領導的定義，找到明確的標準以便衡量和評估進展。肯恩提出的五項最重要的標準是：

1. 拿出績效

　　肯恩熱衷獲致高效成果，確保大家都能對自己的績效

負責。

2. 人才

　　令人驚訝的是，肯恩對於吸引人才、培養人才也很有感，所以這對他的領導架構也非常重要。

3. 創新

　　肯恩具備創意特質，因此探索新想法、以不同方式做事也代表著真實自我。

4. 價值

　　肯恩熱愛為客戶創造價值，不管是在公司內部或公司外。

5. 永續性

　　肯恩知道，做事要著眼於長遠，否則未來就不存在。深入考慮權衡得失，為所有利益相關者做正確的事，才是維護真實。

　　隨著架構完成，肯恩對於領導也有了不同於以往的看法。他知道只要把握這幾個原則，就可以保持真實，並從中獲得極大的滿足。

真實領導另一個重要元素，是發揮優勢。你最擅長的是什麼？你能做出的最大不同是什麼？你能添加哪些真正的價值？哪些東西讓你充滿能量？個人優勢就是你的天生才能，它讓你能量滿滿，幫助你成長，讓你變得更強更大。研究全球績效的美商管理顧問企業蓋洛普公司（Gallup）在 2014 年提出「優勢導向指數」，幫助企業檢討自己是不是培養員工優勢的好老闆。這套指數包含四個部分：

1. 每週，我都會根據自己的優勢設定目標和期望

2. 我可以說出跟我合作的五個人的長處

3. 在過去三個月裡，我和經理曾就我的優勢進行有意義的討論

4. 我的組織致力於培養每個員工的優勢

蓋洛普公司以美國勞工為對象調查，發現四個項目都表示「非常同意」的人竟然只有 3％。同意率這麼低，表示絕大多數的美國企業並不把幫助員工發揮優勢當做一回事。這不是局部的問題，而且是代價很高的疏失。員工如果認為公司關心、鼓勵他們充分發揮優勢，他們更可能自動自發地努力，對工作倫理會有更強烈的觀念，對工作更

熱誠也更投入。

更明白地說，除非我們能夠發揮自己的優勢，不然就做不到真實自我，而只是真實的一道影子而已。

───────

海絲特即將擔任大型組織的總裁，這是她夢想中的新角色。在擔任這個職位之前，她曾領導過一些專業部門，擔心會對未來的更大角色產生影響。在她轉變角色時，我寄給她以下思考：

「發揮優勢……你的最終價值會體現在你最擅長的事情……激發靈感、建立堅強的人際關係、激勵表現、真誠實在的領導……我認為關鍵是為大家創造出正確的架構，讓他們做到最好……你是這種能力的大師。」

海絲特感謝我的提醒，因此她特別重視幫助員工發揮優勢的方法，致力於真實領導。她和新成立的執行委員會的最初對話之一，就是先了解他們的天生才能，並保證大家都有機會發揮所長，為組織謀福利。她找我主辦團隊的第一次培訓發展課程，我們就把發揮優勢作為會議主題。大家先在線上完成優勢調查，我們再用調查結果驗證觀

點，應用到團隊裡。大家發現自己更專注在優勢長處，而不是煩惱自己受到限制，而且這也讓海絲特能更有效引導大家發揮所長，讓整個團隊做到最好。

真實領導的另一個重要元素是懷抱同情心。

傑夫・韋納（Jeff Weiner）是領英公司（LinkedIn）執行長，領英是全球知名的商界社群網站。後來被微軟公司以二百六十億美元收購，併購過程中傑夫發揮重要作用。他是非常精明的商人，也倡導富有同情心的領導哲學。他說：「我多年來採用的所有管理原則中，不管是來自我自己的切身經驗或向他人學習得來，有一個是我最熱切遵行的。我說『熱切』是因為我雖然很想始終如一地做到，而且絕不違反，但在現實的自然起伏和日常營運的種種挑戰，以及隨之發生的一連串反應中，我發現要始終遵循這個原則比其他的更難。這個原則就是富有同情心的管理。」

傑夫說同情即是客觀的同理心，透過別人的角度清晰觀察事態。在與人相處時，尤其是碰上工作困難的時候，這種作法特別寶貴。比方說，工作上出現衝突的時候，大

多數人只會從自己的角度來看問題，認為自己的看法才正確，會收集證據來強化自己的觀點。而且都會以為對方太過無知，甚至是居心不良，也很難接受別人竟然會不同意他們的看法。

在這種情況下，就需要同情心才能解決衝突，也就是要去理解對方是如何做出跟你不一樣的結論。傑夫鼓勵大家問自己這些問題：

• 他們身居目前位置的背景因素是什麼？
• 他們是否具備適當經驗來做出最佳決策？
• 是否有什麼表面上看不出來的特定結果，讓他們擔心害怕？

我們應該問自己這些問題，而且更重要的是，問別人這些問題也可能把困難的情況轉化成有價值的學習體驗。

東尼因為最近的績效檢討被指表現糟糕，所以公司請我去指導他一下。東尼本來是個業務好手，一向都為公司帶來最好的交易，但作風粗暴冷酷，影響了好些人。雖然他為公司增加了不少價值，但也已經到了大家難以忍受的

地步，也就是所謂不成功就毀滅的程度。我一開始先請東尼定義成功的模樣。他說的都是一些財務數字，完全沒談到他做業務的方式或他受過什麼影響。就這麼經過三個月，對於他毫不反省自己的行為，讓我非常苦惱，因此也沒有達成任何改變。那時候聖誕節快到了，我請東尼趁著休假時，問問他自己的兩個年輕女兒，看她們認為東尼身為領導者應該要有什麼作為才對。我知道這麼做有點冒險，因為她們同時也享受著東尼帶來的經濟成果，但我還是覺得也許她們會鼓勵他不要再那麼粗暴攻擊。

過完新年以後我們再次碰面。我問他有什麼想法，是否趁長假思考那些事情。東尼說他問過女兒的意見，也的確讓他大為驚訝，不知道該如何走下去。她們兩個都說，覺得爸爸很可怕，無法以她們想要的方式跟他說話。他問女兒，希望他有什麼改變，女兒們說只希望父親可以傾聽她們的心聲，不要任意批判或動輒生氣憤怒。

女兒的回饋，東尼聽進去了。他開始注意自己的憤怒，決定要戒除。既然在家裡和在公司都造成不好的影響，他不能再繼續這樣下去。他女兒的回饋真是適時的一把推力，讓我們的工作可以加速進行。我向東尼介紹領導

者的同情心觀念，原則上他也表示認同。東尼現在已經準備好要回顧自己的人生經歷，他重新檢視生命中的重大事件，清楚地看到他父親的影響。東尼的爸爸也是個成功的商人，但東尼卻只記得他生氣的樣子，和他在家裡造成的恐怖氣氛。不管東尼長大後有什麼成就，在他爸爸眼中就是不夠好，於是到了某個時候，東尼已經在自己的心中鑄成鋼鐵般的硬殼來保護自己不再受傷。現在他決定該是融化那層硬殼的時候了，要好好學習運用同情心來領導。我們一起努力，讓同情心化為行動，我讓東尼進行以下三個步驟：

1. 尋求理解

東尼習慣談論自己，卻沒真正表現出對他人的興趣。我叫他先提出有關其他人的問題以建立理解。

2. 檢查是否理解

在回應他人之前，東尼要深入觀察、匯整結論，以確保自己真誠地消化資訊。

3. 提供協助

過去通常就是東尼說了算，他只注意到自己想做的事情。這樣只是單行道。現在，他要強迫自己去觀察，藉由

詢問對方的需求，看看如何為他人增加價值。

　　要做到這三個步驟可不容易。短期內也必然讓他慢了下來，但這對他在公司重建人際關係和聲譽非常重要，證明他也有同情心，能夠推己及人。但獲得最大好處的人其實是他的家庭。懷抱同情心讓他這個做爸爸的變得更柔軟，和孩子們建立開放和愛的關係，學會真正展現自我。

━━━━━━━━

　　作為真誠實在的領導者一定要建立信任，這是一切高效關係的基礎。再你將目的化為行動時，請思考右頁的五個問題。

目的化為行動

1. 為了做自己，你對自己有多了解？

2. 要了解自己，需要什麼具體資訊？

3. 成為真誠實正的領導者，會帶來什麼不同？

4. 有什麼會阻礙你成為真實的領導者？

5. 你下一步要怎麼發揮潛力，成為真正的領導者？

2. 提升韌性

領導是一場馬拉松比賽，不是百米衝刺

———————

　　艾瑞克．維恩梅爾（Erik Weihenmayer）的成就似乎是超現實，甚至不可能達成的。他是全世界唯一爬上全球七頂峰的盲人。2014 年，他自己一個人在大峽谷泛舟，沿著科羅拉多河航行 277 英里。還有，他自己一個人高空跳傘也沒問題，而且已經跳了五十次。

　　艾瑞克說：「我想到爬山時，從沒想過要去征服它。如果你要跟山硬碰硬，一定會被它整得很慘。山會打敗你的。你去爬那些山的時候，一定要抱著謙虛的心態。我一向很謙虛，因為，你知道，眼睛看不見就把我整慘了。」

　　為了推動他的理念，艾瑞克與人創辦了「無障礙」（No

Barriers）協會，這不只是個組織，更像是推展一項運動，對身處挑戰和困難的人伸出援手。我們每個人在某種程度上都會面臨險阻，必須抱持開拓和創新的精神，和厲害的人一起合作，才能找到意義和目的，豐富人生。這個組織的精神標語是：「你的內心比阻礙更強大。」

我們每天都會遇到挑戰。關於個人發展的書，我最早讀過的一本是史考特‧派克（M. Scott Peck）的《心靈地圖》（*The Road Less Traveled*）。開頭第一段就說出我的核心重點：「人生實難。這是偉大的真實，而且是最偉大的真實之一。因為我們一旦認清事實，就能超越它。我們一旦真正了解生活的艱難，真正理解而且接受，生活也就不再那麼困難了。因為我們一旦接受，生活困難這個事實就不再重要。」

但現代生活的最大風險之一，就是我們接受到的是完全相反的訊息。我們被引領相信生活很輕鬆很容易，或者說是應該很容易，如果不是，那就是有問題。說不定真正的問題其實是欠缺韌性，無法接納和克服生活上的挑戰吧？

領導的確是不容易，這點無庸置疑。領導者會碰上的

困境永遠讓我感到驚訝，他們天天都要面對無情的挑戰：帶領組織左彎右拐、管理結構調整、創造永續經營、不斷的創新、爭取人才、滿足利益相關者、討好顧客、臨淵履薄穿越險境……沒完沒了。

韌性是在挫折中恢復元氣，適應變化，在逆境中繼續前進的能力。韌性有三個核心特徵：

1. 彈升能力

彈升能力是指面對逆境時，會更加努力學習、成長，培養出更強的情感和心理力量，讓我們得以比過去彈跳得更高，超越障礙的能力。

我媽媽經歷兩年痛苦的疾病後，在 2017 年 10 月不幸離世。我是她的唯一兒子，所以在她離婚後的三十四年歲月中，我們一直維持著親密關係。雖然她是一個人獨自自己生活，但養生送死我責無旁貸。曾經陪伴過癌症最後階段家人的照顧者都知道，這是非常嚴厲的耐力考驗。我對母親的最大承諾，就是尊重她的願望，在家長眠。那時候我透過英國國民保健署，試著找出最好的安排。2017 年 7

月，在第二次住院治療之後，媽媽要求停止一切延長生命的嘗試，轉為安寧醫療。後來在地方安寧組織的幫助下，我們把她接回自己家，安排二十四小時的看護照顧她。

我當時正忙著工作，在家裡也是三個孩子的父親，而且還要找時間陪伴太太。那時候真是非常難熬，實在是筋疲力盡。如果沒空陪在媽媽身邊，我會感到很難過，但我也知道我的工作和家庭不能沒人照顧。那三個月，我盡量找時間陪伴媽媽，晚上偶爾就在她床邊打地舖，讓看護可以稍微休息一下。後來她的狀況越來越不好，我絕望的想讓她擺脫痛苦。但是她的醫生和安寧護士都很明確地告訴我，任何形式的安樂死或協助自殺在英國都是違法的。

值得慶幸的是，那段時間媽媽有足夠的清醒時刻來彌補人生最後的缺憾，並不是白白受苦。例如，媽媽一直覺得自己那段婚姻還有沒解決的問題，所以我和姊姊都寫信給爸爸，問他可否給媽媽寫一封信，以了卻這件事。他果然寫了一封深情款款的信寄來，讓媽媽彷彿受到恩典一樣。媽媽和她姊姊的關係也仍有些緊張，當時媽媽其實已經病到說不出話來。但有個星期天早上，她姊姊打電話過來，媽媽不知道從哪裡獲得了力量，竟能口齒清晰地說她

如此敬愛姊姊，此生已能平靜離去。

媽媽的去世，對她是種解脫。我們也都知道她後來只想儘快解脫，因為實在是拖太久了。她原本遺願捐贈大體供作醫學研究，但很遺憾，因為是癌末殘軀，醫學單位無法接受。我們不得不迅速安排葬禮，我負責發表悼詞，剛好可以趁此機會好好整理我的許多想法和感受。我知道，這段和媽媽的共同經歷，讓我有所成長。對於生離死別，我變得更了解、更堅強，也肯定彈升到比以前更好的狀態。

━━━━━

你從挫折、逆境和失望中彈升恢復的能力如何？你能否迅速調整心態，以不同的方式來看待那些困難，賦予新的含義，把危機化為轉機呢？

彈升能力的訣竅在於重新建構。認知重構是一種心理技巧，包括確認和質疑思考模式。重構是採取不同方向角度去觀察和體驗事件、想法、概念和情感，找到更具建設性的替代方案。

━━━━━

珍妮在金融業擔任主管，績效一向非常好，而且她更是進取心十足。她加入一家新公司後，希望很快展現影響力，急切地想登上公司最高層。她到任十個星期後，我找她的直屬經理訪談回饋。他確認說，珍妮和利益關係人都建立不錯的關係，而且在公司內部也爭取到信任，提供許多好建議，也很願意親自解決諸多問題。不過，有一個人和她的關係不太好，可能會造成她的失敗。那一位就是團隊過去表現最好的同事。她因為珍妮的到來而備感威脅，所以盯著珍妮的一舉一動，不斷測試她的耐性。後來有一場公司外部會議，原本是為了拉攏團隊成員更加合作，結果反而造成對立升高。當時主持會議的協調員要大家直言不諱，有話就說。珍妮當真了，直說她一直在忍受惡意中傷和公司內部的小圈圈。結果這位同事對珍妮就更火了。

　　我們的下一堂課程中，我叫珍妮從她同事的立場來思考，想想她對珍妮進入團隊有什麼感覺。她也可以想見同事必定非常不安，覺得自己的佳績聲譽可能受到破壞。我問珍妮說，如果她可以重新定位這段關係，把同事當做盟友，又會是什麼狀況？珍妮原則上不排斥這個想法，只是不知道應該怎麼做。後來我問珍妮能否就公事上，請那個

同事提供指導和建議；這時候就出現轉機了。雖然這麼做對珍妮來說實在是違反直覺，但雙方的冰冷關係的確開始解凍，因為同事也開始感受到珍妮對她的重視和友好。珍妮重新建構關係的能力助她彈升超越，解決原先的問題。

2. 靈活性

靈活性是在不確定、未知和不可預期的狀況下發揮即興創造的能力，從而產生更好的結果。我在正處於改變的組織中常常看到靈活性的演出，不過大多數人還是渴求安穩，雖然根本沒什麼穩定可言。比方說，有些人以為一份工作就能做一輩子，所謂的從生到死不必換工作，但這種情況早就成為歷史。根據美國勞工統計局最新調查顯示，現在的男女勞工平均一份工作只待四年，而最年輕那一輩的勞工則預期自己的在職時間更短，只剩一半。

採樣 1189 位勞工與 150 位管理階層的「多世代未來職場調查」（Future Workplace Multiple Generations @Work）顯示，千禧世代（1977 年至 1997 年出生者）預期自己一份工作的任期不到三年者高達 91％。這表示他們一輩子可

能會換十五到二十個工作。

———————

　　我最近在幫一位高級主管安德里上課，他在公司待了二十年，已經歷任三個關鍵職位，不管是制定明確策略或實現重大目標，都有「安全可靠」的美譽。然而最近公司的一波高層人事異動，他卻意外地遭到忽視，所以安德里現在正處於思考職業生涯動向的重要時刻。安德里不想只是被動回應，而是準備積極靈活地面對他在職場上的困境，把握機會創造出更好的未來。我們為安德里擬定了一套職業生涯架構（如下頁表格所示），幫助他思考自己的選擇。

　　這套架構提供安德里一個靈活處理的基礎，他決定接受獵人頭公司的訪談，並且跟幾家公司接觸，來測試他自己想要走的方向。在此之前，他一向以公司內部職位為重，避免接觸公司之外的任何機會。這種新的靈活性讓安德里充滿活力。雖然他最後還是決定留在現有公司，卻可以用新方式在自己的職業生涯大步邁進。

職業生涯架構

個人目的	創造可能的藝術
個人價值觀	真實、誠實、公平
職涯願景	創造客戶價值
個人優勢	**領導力**——誘導人才充分發揮潛力，建立高績效團隊 **創造業績**——建立與達成堅強有力的策略計畫 **商業性**——找出解決方案以提升商業關鍵動能
個人發展	專注——不偏離正軌
職涯選擇	留在現有組織加速前進 探索新公司和許多不同的角色 轉進諮詢顧問產業

你的靈活性如何？用不同眼光看待事物，找出更多選擇的即興創造能力如何？測試我靈活性的一個領域，莫過於身為人父的身分！我三個孩子的個性截然不同，所以必須不斷地調整情緒，運用智慧，確保自己不受限於僵化的觀點，才不會碰到古板老爸會遭遇到的問題。比方說，現在社交生活是我十六歲女兒的生活重心，讓她在熱衷社交之餘又能定下心來準備考試，就是個巨大挑戰。我十二歲的大兒子沉迷科技產品，要鼓勵他出去活動身體可不是件容易的事。八歲的小兒子最愛動手做些什麼，讓他在廚房實驗一些奇奇怪怪的食譜，是最快樂不過的事。所以我不得不常常提醒他把亂七八糟的廚房收拾乾淨，這真是耐心大考驗！

你越靈活，作為領導者的配備就越好。每個人都需要用不同的方式來領導，所以你在領導風格的靈活調度能力，正是成功的基本條件。領導風格主要有五種（如下頁表格所示），領導者必須在不同狀況下靈活運用。

領導者大都偏好兩種或三種風格，但要成為高效領導

者，一定要靈活運用這五種風格，才能帶動成員，明確給予指導和方向，創造雙贏，釋放潛力，做出好成績。

領導風格

	特性	驅動	結果
願景型	啟發信念	不同思考	方向與能量
指示型	要求順從	照我說的做	危機管理
合作型	建立關係	一起工作	團隊合作
示範型	推動結果	聚焦成功	高績效
教練型	培養人才	釋放潛力	接棒人

3. 耐力

　　這是在逆境中繼續前進的能力。我們在面對困難時特別容易放棄，但耐力會讓我們堅持下去，在不致於頑固瘋狂的程度下，忍受橫逆，到達彼岸。

　　卡德拉企圖心旺盛，很希望自己在公司裡頭迅速往上爬。她以完成任務為重，因此碰上同事表現不如預期或無法配合她的步調時，不僅令她經常感到沮喪，甚至到了想辭職另尋出路的程度。當時正在某個重大專案的緊張階段，我們需要每兩週安排一次對談，以免她一時灰心就即刻走人。後來我挑戰卡德拉說，這個重大專案剛好可以讓她發揮耐力，要是能夠不屈不撓地頂住壓力，必定會成為韌性更強的領導者，於是卡德拉才有所改變。

　　要如何加強耐力呢？我建議從下頁表格中的四個「E」下手。

耐力韌性四個「E」

1. 提升能量 （Energy）	筋疲力盡的時候想要堅持什麼都很難；控管能量才有繼續戰鬥下去的本錢。
2. 樂在其中 （Enjoyment）	情勢越是艱難，體認、分享和慶祝成功就越是重要。成功是有感染力的，不管成就的大小，你能捕捉到成功，把它分享出去，就能鼓勵大家。
3. 專業知識 （Expertise）	牢牢掌握狀況不掉隊，會加速你的學習和成長，加強你的能力，讓你對於工作更加精練嫻熟。
4. 本質論 （Essentialism）	聚焦在最重要的關鍵上，把力量集中於重點工作，捨棄瑣碎雜務。

3. 維持連結

我們生活在關係經濟之中

———————

　　很簡單，良好的關係會帶來很好的結果，糟糕的關係就導致糟糕的結果。如果你無法建立強大而持久的關係，領導力只能短暫生效。也許因為權力或職位，你在短期內可以維持不墜，一旦失去權位，大家額手稱慶，就換你倒楣了。但若是以目的領導，從目的出發真誠地連結他人，就能為關係帶來不同層次的意義。

　　我在工作上常看到的模式是，有些人因為技術能力高超或績效特好而獲得升遷，然而到了某個位階之後就出現變化。領導者需要不同的技能組合，才能夠連結核心。連結領導有以下六個關鍵特徵，如下頁圖所示。

連結領導

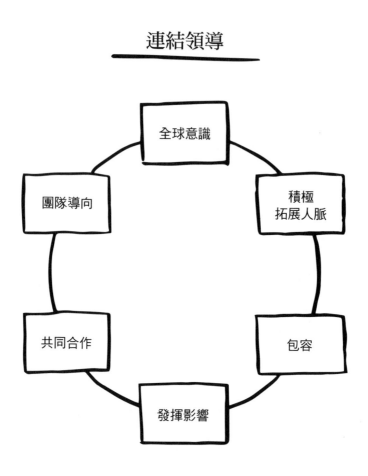

沒有全球意識就出局

派崔克・賽斯古（Patrick Cescau）是洲際飯店集團的非執行主席，他過去曾擔任聯合利華集團（Unilever Group）執行長，也是培生集團（Pearson PLC）、特易購公司（Tesco PLC）的資深獨董及非執行董事，而且也是歐洲工商管理學院（INSEAD）董事。簡單一句話，派崔克具備非常高的全球意識。我幾年前在洲際飯店主持領導力課程時，很幸運邀請派崔克一起討論關鍵領導。他的精闢評論引發共鳴：「當策略與文化相互衝突時，文化永遠會勝利。」管理大師彼得・杜拉克（Peter Drucker）也說過：「文化可以把策略當早餐吃。」

組織制定明確策略時，要是不充分考慮到計畫實施後在不同背景、動機與理解下會造成什麼影響，通常不會成功。要讓策略順利進行，必須先建立正確的連結，大家才會認同和支持，相互調協，熱烈投入。

卡爾才剛開始接手一家大型跨國銀行的技術部門，之

前的部門主管讓團隊成員各自為政單打獨鬥，公司幾項專案接連失敗，損失了好幾億英鎊。所以卡爾非常清楚，一定要先建立正確的文化，才能實現雄心勃勃的計畫。卡爾最先展開的工作之一，就是先召集他的全球領導團隊，讓大家聚一聚。由於前任領導人對此興趣缺缺，所以他們從來沒有這麼做過。卡爾向大家承諾，一定會幫助他們了解彼此對於共同計畫的看法，並就大家如何一起努力取得成功達成共識。

在人際方面，我們可以運用個人說故事來建立關係。當我們談到影響自己生活的事物，價值觀何以形成，以及對我們最重要的事物時，彼此才有機會欣賞各自的文化背景，從而形成團隊的深層連結。

你的全球意識高或低？你是否真的了解全球一百九十五個國家的差別，以及它們會對你的計畫產生什麼影響？你不必成為精通各種文化的專家，但也要有足夠的好奇心和同情心，才能建立溝通的橋樑，加強連結。

領導力反映你的人脈網路

我在領導課程介紹積極拓展人脈時，常常引發不少訕笑，因為大多數人還是以為這是操縱或做些表面功夫，沒完沒了的喝酒應酬講廢言。這實在是大錯特錯。你能開闊出多大格局，全由人脈所決定，它的廣度和深度，就決定了你的施展空間。目的領導的意思，就是要把你的目的放在人際網路的核心，讓它成為你自己的世界中真正有意義的維度之一。

保羅準備參加執行委員會進行重要簡報，為電信公司投資案爭取公司的支持和批准。他幾個月來一直在擬定營運規畫，他的團隊也非常期待保羅精彩出擊，說服執行委員會核准投資，讓他們可以按照計畫進行。保羅花了很多時間跟那些他已經很熟的執行委員聯繫，說明他的計畫而且獲得不錯的回饋。不幸的是，他完全忽略那些他不太熟的委員。等到保羅走進會議室的時候，他就知道自己這次完蛋了。那些他沒有積極連絡的執行委員開始提出問題，

質疑這個專案的財務狀況，讓保羅覺得自己被打敗。欠缺足夠的支持，保羅無法獲得他想要的結果。他非常失望，承認自己的方法錯誤，也痛苦地學到必須積極拓展人脈的教訓。

━━━

你是否主動管理好自己的人脈網路？或者只是放著碰運氣？你有沒有小心謹慎地主動連絡，及時溝通，以擴展你的人脈？就我個人來說，我現在專注在可以形成人脈網路的共同價值，也發現給予和付出可以開啟共同機會的大門。

現在的社群媒體又讓人脈網路變得更複雜。如果只是想營造表面的光鮮亮麗，社群媒體的運用恐怕只會淪為貧乏淺陋；若是配合你的目的善加利用，就能打開既廣闊又深入的全球人脈網路。

4. 多元與包容

每個人都有寶貴的貢獻

　　很高興看到，多元與包容如今已成為組織和領導者最重要的差異化元素之一，我們觀察優步（Uber）的領導階層就能看出這一點。如果說優步之前出現許多讓人擔心的問題，包括性騷擾控訴、職場霸凌、智慧財產訴訟等，都是因為前任領導人崔維斯‧卡蘭尼克（Travis Kalanick）傲慢無禮、不留情面又死不認錯的風格所致，那麼新任執行長多拉‧霍斯勞沙希（Dara Khosrowshahi）或許正好是這家醜聞纏身企業的一帖清涼藥。他甚至還沒上任，就證明自己與卡蘭尼克完全相反。事實上，他只用一句話就辦到了。他在離開前一家公司，線上旅遊業的艾克斯派蒂亞

（Expedia）時，給同事們的備忘錄中寫道：「我必須承認，我好怕！」他願意用這種高度包容的方式曝露自己的軟弱，馬上突破面前的重重障礙，為優步架起新的溝通橋樑。

世界原本就很多元，它是許多元素的混合。包括：

- 認知：我們如何思考及處理訊息
- 實體：我們是誰，別人所見所思為何
- 價值觀：我們的信念和行為方式
- 社會：我們如何締造連結，與社會聯繫
- 職場：我們的工作及工作方式
- 關係：我們如何相互連結及恢復活力

包容是一種行為，容納異己一起合作。在當今的全球市場中，體現多元和包容非常重要。

我最近在領導課程中談到多元與包容，卻聽到好幾個職場中排斥異己的例子，讓我覺得很不安。其中包括：

- 有個傢伙只要知道會議室裡有同性戀者，就拒絕進去開會。他會走出會議室，而且公開對陌生人說不要跟同志待在同一個房間。
- 有一位在建築公司工作的女性，發現自己在群組電郵中被稱為「小伙子」。她質疑這個用詞後，又被特別標示

為「女孩」，而不是稱呼她的名字。

• 有位男性正在爭取升遷，但他非常擔心自己的同志身分
  會被發現。他雖然已經進公司很多年了，但害怕聲譽可
  能受到影響而始終不曾出櫃公開。

• 有個內向的人覺得自己在開會時常常遭到忽視，因為他
  是屬於那種思考型的人，發言通常比較慢。

　　身為領導者的你，包容性如何呢？先別急著回答。在
探索包容時，我們會碰到的是偏見，包括有意識和無意識
的偏見。有意識的偏見是指我們會運用一些可資證明的資
料和訊息，來批判那些你不認同的想法或事物。比方說，
我要是討厭那種說會在截止期限前完成任務卻又辦不到的
人，那麼這人就算確實是碰上不可抗力的因素才無法完成
任務，情有可原，我還是覺得：這個傢伙就是無能！無意
識的偏見則是不自覺地做出批判，自己根本不曉得。例
如，你跟某甲一起工作，而他常常讓你想到某乙。你有過
這種經驗嗎？在這個狀況下，你原先對某乙的看法和情緒
很容易就會影響到你對某甲的感覺。

　　我在上課的時候問學員對什麼有偏見（包括有意識和
無意識），對自己的領導有什麼影響，他們都說自己沒偏

見，不過還是有幾個回答如下：

- 處理不同的個人風格。有位領導者傾向退縮，不願跟安靜或冷漠的人打交道。
- 對於承諾的回應層次。有個領導者看到員工對組織的承諾不如他預想的熱切時，就會有所批評。
- 性別管理。有家公司的資訊部門女性員工很少，有些人認為該部門在找人時偏好男性，不特別維護兩性的平衡。
- 對於供應商的看法。有位領導者發現他們把外部供應商當做商品，而不是平等相處的共事對象。
- 資歷差異。有位領導者承認，資歷不足的主管會受到同事輕視。
- 情感外露。有位領導者認為，男人如果表現出情感，就是「弱者」。
- 偏好應屆畢業生。有家公司需要解決問題時偏好「聰明的畢業生」，而不是公平地尋找合適的員工。
- 主管升遷。有家公司發現他們在拔擢內部主管時，只注意到年資，而非能力優劣和適任與否。

　　不管是有意識或無意識的偏見，都會影響到我們與他人的日常互動。因此必須提高警覺，才能克服偏見，在待

人處事、對待與觀察他人時，真正做出客觀的判斷或決策。

我們在以下必須做出選擇的重要時刻，一定要小心留意，才能做個有包容力的領導者：

- **招募新人**

你總是找跟你一樣的人嗎？招募新人時真的要小心。在做出任何決定之前，一定要放寬心胸廣募人才，也要挑戰自己去接受不一樣的人。我聽說有些公司會為少數或特定族群加分，特別選擇那些人。我們每一個人都應該獲得公平的機會，你的目標應該是找到最適合那個職位的人，而不是滿足個人偏好。

- **培訓發展**

培訓是慎重培養人才的好機會，每個人都應該獲得學習和成長的機會。

- **績效管理**

績效管理正是塑造工作環境的過程，讓大家可以樂在其中力求表現，拿出最好成績。績效管理應該是一整套完整的工作系統，從根據需要來定義工作內容開始，以效率和精準持續達成最終目標。這過程也可能高度情緒化且敏感，因此必須嚴格控制偏見，才能客觀地衡量績效。

- **開會**

　　開會時總是那些外向的大嗓門控制全場，內向的只好默默退守一旁，這很常見吧。結果只聽到一部分人的聲音，這絕對不是達成明智決策的最佳方式。對這種狀況，開會時要主動管理，確保每個人都有一定的發言權。

- **日常互動**

　　以下的「包容力量表」可以幫助領導者定期做評估。最高為五分：

5分－高度包容：能夠欣賞不一樣的人，把他們的差異看作是可資運用的優勢。主動與他們連結，納入決策制定，讓他們感受到你的信心。

4分－適度包容：接受大家表現出來的本性，中立看待他們的差異。但主要關注點還是他們與你相似之處。

3分－中等包容：雖然看不慣他人的差異，還是可以容忍。尊重他們，但盡量不與之接觸。

2分－低度包容：避免與你不同的人接觸，刻意排拒不與之合作共處。

1分－極低包容：討厭那些跟你不一樣的人，難以接受那些差異。採取主動破壞的方式，排擠那些人。

重要的是要意識到自己的包容力是高是低，以及它對你身為領導者的行為會有什麼影響。我們不必喜歡每一個人（也辦不到），但還是要帶著一顆包容的心去領導，讓大家能表現出最好的自我。這時若能以目的為導向，就會有所幫助。在我指導過的幾千位領導人中，我還沒碰過有誰是以批評、排斥、輕視或歧見他人為目的。每個目的都想要幫助、敦促、激勵、吸引、增加價值、發揮作用、服務和奉獻，和他人的生活相互連結起來。

5. 敏捷領導

預見未知

─────────

　　由人工智慧（AI）、數位化、自動化、機器人技術和零工經濟塑造出來的新經濟，現在正以飛快速度帶來過去不曾經歷過的嚴重危機和崩潰。根據麥肯錫全球研究所（McKinsey Global Institute）的研究，美國大多數工作職位至少有 30％可以轉為自動化，包括過去以為機器無法取代的知識經濟。這一方面是個令人振奮的未來，另一方面卻也會帶來巨大動盪。身為領導者的人，一定要有向下扎根的目的感，為自己提供明確的指導方針，在投入各自產業、提升價值之前，更要先擁有更快適應、更努力學習的意願。

關於敏捷領導，主要聚焦在三個關鍵：創造力、共同合作和適應力。我相信這三個特質就是敏捷領導者高超技能的核心，我對它定義是：「能夠以有利於每個人的方式，預測及適應變化莫測環境的能力。」

創造力

遇到問題時你會怎麼做？從過去經驗找答案？尋找新資訊？在實務中挖出最好的例子？尋求支援？支持創造力有兩種基本思維方式，固定思維和成長思維，史丹佛大學伊頓講座心理學教授卡羅・德威克（Carol Dweck）的研究清楚說明了這兩種思維的差別。德威克說：「不管我們有沒有意識到，所有人都會對於發生在自己身上的事、它們有什麼意義，以及我們該如何因應等留下紀錄。換句話說，我們的心智一直在監控和詮釋……我們腦子裡的思維活動構成這部活動紀錄……固定思維創造出專注於批評的內心獨白……成長思維的人也不斷監控正在發生的事，但他們的內心獨白不是以這種方式評斷自己和他人。他們對於正面及負面資訊很敏感，對於資訊在學習和建設性行動

的意涵也很敏銳。」

隨著自動化的迅速發展，那些未能跟上腳步的企業組織就會面對極大的風險。哈佛大學教育研究學院成人學習與專業發展的密漢（Meehan）講座教授，發展心理學家羅伯特・凱根（Bob Kegan）說：「工作對於適應挑戰的需求會越來越高，而它們是人工智慧和機器人比較不善於解決的。成長思維的人還是有工作，但固定思維會漸漸被機器取代。我們以前會說『你一生要換六・五個工作』，現在也應該說『你的成長和能力在職業生涯中會有幾次質的變化』，這也許是在同一個老闆之下，或者是在換了六・五個老闆期間。」

要如何培養成長思維，發展創造力？你是隨緣碰運氣，還是刻意挑戰自我，用不同的方式來思考？透過以下三個關鍵步驟，可以加強成長思維：

1. 注意自己何時採取固定思維

注意以下行為：躲避挑戰、碰上困難就輕易放棄、把努力視為浪費力氣、忽視有用的批評，而且對他人的成功感到威脅。碰上困境時，心裡也會出現這些質疑：「你確定你能做到嗎？」、「萬一失敗了怎麼辦？」、「我沒有能力

克服挑戰」等。

2. 質疑自己的假設

　　體認自己可以選擇如何詮釋你的反應。我指導過的一個團隊，大家對某成員的看法是，他似乎人在心不在。但這個批評並沒能讓他改善，因為他認為問題出在團隊不能接納他。不過等我開始挑戰他的假設時，他就發現原來是自己還沒下定決心要成為團隊的一員，這自然會影響到他的表現。

3. 採用成長思維

　　學習用創造性的方式來看待事物，據此做出回應。迎接挑戰。面對挫折時要堅持下去，把努力視為磨練，從批評中學習，在其他人的成功中找到經驗教訓和靈感，請求別人的援助，不要害怕曝露自己的弱點，心胸要開放，懂得運用不同的想法。

　　將創造力與成長思維連結起來，讓它成為領導者欣然接受的務實方式。創造力不是只限於少數菁英才有。

共同合作

在當今這種快速而變化激烈的時代，走向成功的唯一途徑就是團結合作。擁有合作模式的組織就能做到這一點，主動拉攏眾多利益相關者投入。比方說，在旅遊飯店業方面，像洲際飯店集團這樣的公司需要把員工、客戶、老闆、股東、供應商、學術機構、非政府組織、政府和社區組織、產業公會等全部連結在一起。在航空業方面，希斯洛機場必須滿足員工、乘客、航空公司、供應商、政府、監管機構、社區和投資人的需求。在零售業方面，馬莎百貨（M&S）要專注在客戶、員工、供應商、投資人、新聞媒體、政府、監管機構和更廣大的社會。

理論上來說，合作很簡單，但實際做起來可不容易。它需要相互承諾，不斷採取措施去建立信任、接受差異、克服衝突、承擔責任，並且監督結果。我最喜歡的合作指導原則，是我在一場重要的策略會議上所得，當時是為了兩家公司的執行委員會針對客戶關係進行協調。他們那時候一起提出的口號是「一起合作會更好」。不過他們平常其實對這種感覺並未多想。在會議的某個時刻，雙方為了

潛在的利益衝突爭執不下，我請雙方各退一步，確定他們的互動中缺少了什麼。他們找到了事實，也確定了結果，但還是感到挫敗。忽然間我提出了一個想法，幫助他們能夠更緊密地合作：「要先假定對方是帶著善意，其他一切則是誤解。」雙方對這個想法皆表示歡迎，同意把它當做合作的指導原則。在之後的會議上，主席都會再次提醒雙方這個原則，為兩造對話創造出更有效率的環境。

如果運作順利，合作會帶來協同一致的透明感，結合群力，以兼顧眾人利益的方式敏銳地預測及適應那些難以預測的環境變化。

適應力

對於適應力的需求，從沒有像現在這麼大。人員、團隊和組織有沒有能力去適應不同環境、維持相關性並且力求成長，正是決定成功與失敗的關鍵。明確的目的可以提供一個平台，讓我們迅速適應每天快速而激烈的需求變化。適應力強的人會是什麼樣子呢？我認為有五個主要特徵：

1. 適應力強的人們專注於全局

在這個複雜的世界中，必須具備長期視野，才能引導你走向想要去的方向，否則很容易被瑣碎雜務分散注意力。

2. 適應力強的人願意嘗試和試驗

我們必須願意採行不同方式去做事，不要故步自封，才能強化適應力。面對不確定的動盪，必須願意探索新想法，不能只是把頭埋在沙子裡，盼望它會自己消失。谷歌公司最出名的管理哲學之一就是「20％時間」。這家公司的創辦人賴瑞·佩奇（Larry Page）和謝爾蓋·布林（Sergey Brin）在 2004 年的股票上市公開說明書特別強調說：「我們鼓勵員工在常規工作之外，撥出 20％的時間去做他們認為對公司最有利的事情。這讓他們更具創造力和創新能力。我們很多重大進展，都是因此而來的。」

3. 適應力強的人不怕失敗

常常聽到領導者說，在動盪環境快速失敗、快速學習經驗和教訓是必要的，但是真正付諸行動的領導者倒是不多見。我最近跟一個科技團隊合作，有位大數據領域的人告訴我說，他正在開發的專案技術其實只能維持三個月，時間到就過時了！因此從失敗中學習經驗和教訓，的確是

快速前進的關鍵。

4. 適應力強的人資源豐富

我認識一位企業執行長，他不但永遠都有 B 計畫，甚至還有 C 計畫、D 計畫、E 計畫！我們的外在資源也許會被人奪去，但內在資源仍然豐沛滿溢。

5. 適應力強的人未雨綢繆

他們不關心一時的榮耀，因為出再大風頭也很快會消失。對一些臨時議題不浪費精力，而是先把目光投注在下一個戰場上的阻礙，等到大家終於趕到時，他們早就準備好迎接下一個挑戰。

我們都可以藉由能力和意願，從經驗中學會敏捷領導，在新的環境中加以運用而獲得成功。敏捷領導者在面對工作和生活的新挑戰時，必定會有更多的經驗教訓可資參考，擁有更多工具和解決辦法可以運用。

6. 領導變革

在今天這個世界，快的會吃掉慢的

　　不管你歡迎、容忍或抗拒，改變都是無可避免的。要讓大家相信改變，關鍵在於一個明白確實的「原因」。也就是說，你要讓大家了解改變的目的何在。

　　傳播學者艾佛瑞特・羅傑斯（Everett Rogers）在其著作《創新擴散》（*Diffusion of Innovations*）中提出一套理論，說明新想法何以出現，又會以什麼速度來傳播擴散。他的研究指出，在其傳播過程中我們的反應可概分五類（如右頁所示）。

創新擴散理論

類別	%	定義
創新者	2.5	創新者引進新觀念、新方法或新產品,並願意冒險來實現。他們受到變革與新經驗的吸引,運用多重資訊來源以進行決策。這種人是先驅型的領導者。
早期採用者	13.5	早期採用者通常依賴自己的直覺和想像洞察能力,讓他們能夠適應和嘗試新想法、新流程、新產品或新服務。這種領導者能巧妙地發揮影響力。
早期大眾	34	早期大眾需要不同程度的時間來適應變化及做出反應。在接受之前,他們通常會觀望,看看新事物在實際運用上是否成功。他們等待創新者和早期採用者的確定訊號。
晚期大眾	34	晚期大眾對於變化帶著高度懷疑。流行訊息不能影響他們,而是依靠家人朋友的推薦才會向前。這種人適應得比較慢。
落後者	16	落後者非常不喜歡變化,而且抗拒改變。他們只想遵循「傳統」,把家人朋友當做是資訊來源,除非被迫才會適應及接受變革。

史蒂芬妮喜歡變化，越大越好。因為這符合她明確描述的核心目的：「幫助改變，締造更好的結果」。她是典型的創新者，不斷創發新想法，創造新產品，靈活變化組織結構，運用不同的方法來工作。不過我們在訓練課程中，史蒂芬妮常常抱怨團隊趕不上節奏，沒有進步。

　　我對史蒂芬妮的領導能力進行回饋訪談，尤其是在改變和適應力這兩點上。我訪談了許多利益相關者，包括她的直屬部屬、同事、客戶和直屬上司。結果我得到非常有趣的訊息。史蒂芬妮的直屬上司和客戶都喜歡她的創新，因為她渴望推動變革，認為這是競爭優勢。另一方面，她的同事和直屬部屬卻不這麼認為，他們說史蒂芬妮天天帶頭向前衝，只以自我為中心，而且陰晴不定喜怒無常。他們當然也知道她的創新能力和適應力都很強，但大家跟不上啊。

　　對於這些回饋意見的挑戰本質，史蒂芬妮一開始的反應是反駁、不想理會，她說這是那些沒能力改變的同事和團隊成員才會如此批評。我跟她分享了艾佛瑞特・羅傑斯關於變革反應的研究，並提出約翰・柯特（John Kotter）博士領導變革的八步流程：

- **營造變革的氛圍**
  1. 創造緊迫感
  2. 建立指導聯盟
  3. 擬定策略願景和啟動方案
- **爭取整個組織的認同和參與**
  4. 溝通找到支持者
  5. 消除障礙以促發行動
  6. 創造短期勝利
- **著手改變、維持變革**
  7. 不要放鬆
  8. 堅持到底

　　史蒂芬妮發現是自己太熱切，也太期待別人跟她一樣熱切地發起變革、推動改變，才讓她無法按照柯特的八步驟循序漸進。這個新體會再加上之前收到的回饋意見，讓她更了解應該怎麼調整自己的方法，領導變革。下一個她想要實現的改變，是找到開設餐廳的新點子，我鼓勵史蒂芬妮先把團隊召集起來，作為新改變的第一步。

　　我們在公司外找個地方聚在一起，由史蒂芬妮開誠布公地宣布計畫目的來開啟這場會議。她說她推動改變是想

要獲得更好的成果，希望在鼓勵創新的環境中茁壯成長；如果只是維持現狀故步自封，很快就會讓人厭倦。她從大家對她的回饋意見擷取觀察入微的精華和大家分享，也樂意檢討自己思考上的盲點，相信大家都必然對改變充滿動力。

團隊成員非常欣賞史蒂芬妮坦盪無隱的態度，他們提出許多深入問題，更深入去了解史蒂芬妮的期望，以及如何配合她對變革的熱切，創造最佳成果。尤其是大家都想知道，要怎麼儘早參與，讓他們在起始階段就有機會充分投入這場變革。這次會議就是柯特八步驟的前兩個（創造緊迫感和建立指導聯盟），現在團隊已經完全理解史蒂芬妮實現變革的動力何在。接下來是擬定策略願景和啟動方案。團隊很快收集到必要資訊，開始探索開設餐廳的新點子。餐飲業的競爭非常激烈，但大家認為開一家墨西哥餐廳是不錯的想法。他們以前都只盯著速食市場，因此這個新點子雖跟過去大不相同，大夥還是積極投入，採取行動，順利進行柯特接下來的三個步驟：溝通找到支持者、消除障礙促發行動、創造短期勝利。

我請史蒂芬妮檢討一下，自己如果願意調整作法，用

不同的方式來進行，會有什麼影響。對她來說，要表現出自己的弱點，以及讓團隊擁有更多自主權，一向是很大的挑戰。但現在她已經知道，讓團隊儘早參與，大家一起快速行動，確實有莫大好處。此後，史蒂芬妮可以更努力投入，鼓勵大家盯緊腳步不要放鬆，把改變推動到底，才能克服許多障礙，在大街上實現新餐廳的想法。

_____

作為領導者，必須體認到每個人對於改變都有不同的反應。

我曾經受邀和一個正在經歷多項改變，而且內部頻頻換人的執行團隊一起工作。那次工作的目的是要加強團隊的合作，提升團隊效率。我們進行了講故事練習，由每個團隊成員分享自己生活經歷的三個重要改變，這些改變帶來什麼經驗教訓並產生何種影響。團隊領導人曾向我簡報說，成員中最抗拒改變的是一位工程師，但因為他是團隊中資格最久、經驗最老到的成員，因此形成不小的阻力。但是聽完羅伯的故事以後，我們對他的看法完全改觀。羅伯跟大家分享的是他兒子出生時狀況很不好，讓我們深受

感動。他兒子一出生就少了一隻手臂，雖然這對整個家庭來說是個莫大創傷，但他們很快就面對狀況，為了兒子的成長努力創造合適環境。羅伯的兒子爭強好勝，很喜歡運動。後來他開始用一隻手臂練習游泳，並決心參加殘障奧運會。這表示羅伯每天凌晨四點就要起床，帶兒子去練習游泳，他每天要工作十四個小時，才能賺到足夠的錢來支付培訓費用。

羅伯馬不停蹄地工作來支持家人，許多年都不曾休息。所以我們後來發現，他並不是抗拒改變，只是筋疲力盡到快要掛點了。最近羅伯都在擔心自己是不是心臟病快發作，因為在目前的壓力下常感胸痛。這個消息成了團隊的轉捩點，對領導者而言也是即時警訊，他發現自己應該跟每個成員建立更密切的關係，才能真正了解正在發生什麼事，而且要在團隊中投注一定程度的同情心，才能讓大家重新團結在一起。

大多數人一旦明確了解為什麼需要改變，目的何在，後續又有完善規畫配套做後盾，就會願意適應和改變。

7. 成功的職業生涯

職業生涯若能展現目的，就會茁壯成長

———————

　　我們對職業生涯的定義需要再向上升級。首先需要一個強大的願景，才會引導你邁向自己想去的方向。接下來，要把你的核心目的和價值，整合為職業生涯的中心，讓它成為你真正自我的延伸。職業生涯的成功與否，要看某些條件是否達成，才能證明自己的茁壯成長。傳統衡量條件包括：

• 職銜
• 職等／層級／地位
• 薪資報酬
• 職程進展

但我鼓勵大家要想得更周延，同時考慮右頁圖所列出的幾個條件。

　　下一步是要確認自己可以善加利用的個人優勢，以及必須注意的局限。比方說，如果你的絕對優勢是一定能夠按時完成任務，那麼你就需要一個可以即時切入開始做事的環境，不然你光有一身武藝也派不上用場。同樣的，如果財務數字是你應該注意的弱點，那就要確保你不必在試算表上浪費幾個小時還搞不定。

　　第 242 頁表格中所列出的幾個關於職業生涯的提問，可以有效幫助你擴展思維，深入探索。

　　這一階段的思考結果之一，是要形成一套簡單的說法，讓你能夠清楚地對別人說明自己的職涯意圖。而拼圖的最後一塊，是要確認自己能夠選擇的職業種類，才能採取正確行動，例如探索不同的產業部門、工作角色、業務形式和必須與哪些人接觸。

　　關於目的領導的職業生涯，以下是一些我最欣賞的觀點：

　　　經營企業需要流血、流汗、流淚，但最重要

成功職業生涯

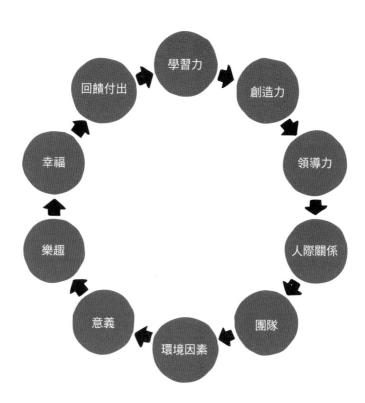

的是，你必須建立一些讓自己引以爲傲的功業事蹟。——維珍集團創辦人李察·布蘭森（Richard Branson）爵士

真正的我是怎樣的人？
我的領導天命爲何？
可以表現最佳自我的正確時機何在？
如何才能發揮自己的優勢？
我願意花時間跟誰在一起？
家庭對我的意義何在？
我想創造出怎樣的名聲和形象？
我的真正責任是什麼？
我的財務驅動有什麼影響？
我想要如何成長？

不要因為自己是執行長，就以為你已經安全登陸。你還是要不斷地加強學習，擴大思考和鑽研管理組織的方式。——百事可樂執行長英德拉‧努伊（Indra Nooyi）

我在此是為了長遠未來建立一些東西。除此之外，心無旁騖。——臉書聯合創辦人馬克‧祖克伯

藝術的目的，是為自己的靈魂清掃日常生活沾染的塵埃。——藝術大師畢卡索

8. 完全幸福

真正幸福的核心，就是目的

_____

　　日理萬機，無暇他顧。要努力跟上！焦慮、疲憊、挫折、白天晚上體力透支、半夜又失眠睡不著。這是今日社會的常態。生活在和諧幸福之中，彷彿是久已遺忘的前塵往事。光是等待下一個假期，好好休息以期待恢復元氣，並不算什麼好策略；很多人是放假沒事幹就馬上生病，等到病體才剛復元又要回去上班！但事情未必都要如此，要是讓你的目的來扮演核心角色，就可以爭取更多、更豐富的幸福生活。

　　近年來，幸福議題一直是各方議論中心，企業組織和廣大社會都給予更多關注。幸福生活的主要倡導者之一，

是《邁向圓滿》(*Flourish*) 的作者馬汀‧塞利格曼 (Martin Seligman)，他是公認的正向心理學 (positive psychology) 運動領袖。他說：「我認為正向心理學的主旨就是幸福，衡量幸福的黃金標準是圓滿富足，而正向心理學的目標就是讓我們更圓滿、更富足。」他的幸福新理論著重在一整套圓滿富足生活的構成要件，包括正向情緒 (Positive Emotions)、全心投入 (Engagement)、正向人際 (Positive Relationship)、意義 (Meaning) 和成就感 (Accomplishment) (這五大要件簡稱為「PERMA」)。我完全同意他的「PERMA」公式；但我相信貫穿這五大要件的，就是目的，如果缺乏目的，我們的幸福也必定為之遞減。

喬安娜正嚴重欠缺幸福感。她是個年輕媽媽，兩個孩子不到五歲，丈夫時常出差在外，又是銀行業的高級主管，沒擔當的直屬上司全靠她對外擺強勢，年老爸媽罹癌加上失智，這一連串問題讓她焦頭爛額，逼得她想逃。我們坐在飯店會客室評估她有什麼選項。我給喬安娜一些急需的空間，讓她一吐為快，說說她最近碰上哪些挑戰。她

說她剛接任新職位才六個月，但並沒有在原先規畫的方向發揮作用。尤其是自己的直屬上司只想「不沾鍋、裝好人」，讓事情變得非常難辦，不但進度拖延遲緩，甚至令她覺得自己岌岌可危。喬安娜擔心她會被貼上「好戰女人」的標籤，她說自己感覺到生命力正一點一滴地流失。

我們合作至今將近一年，因此我提醒喬安娜她的核心目的是「幫助別人表現出最佳自我」，但也要更加關注在工作方面實現目的會是什麼狀況：

- 成為值得信賴的顧問，提供真正的價值
- 每天幫助公司做更大的任務，而且做得更好
- 激勵自己的團隊進行變革
- 職務功能運作能夠貫徹到底
- 以誘導訓練方式推動成員工作
- 創造最理想的工作環境
- 建立強大人脈，為自己的成功尋求助力
- 享有個人和專業上的快速發展

能夠清晰地看到這副景像，讓喬安娜迅速聚焦到實現目的。我們制訂一套計畫，準備跟她老闆一起進行，這個計畫涵蓋三大關鍵，讓喬安娜為公司帶來最大價值，發展

團隊發揮潛力，並且為業務提供巨大的成本效益。

　　關於她的家庭問題，我們從她的目的來檢視身為人妻、人母和為人子女的角色，探索各方面的意義何在。喬安娜發現自己過度自責，以為自己在這幾個角色上都做得不夠好，她並未充分認知自己這幾個方面的奉獻付出。她決定跟老公溝通懇談，從他那兒獲取一些回饋意見，對於現狀深入檢視，並且每週撥出一天在家工作，這樣她可以接送孩子上下學，並且確保她有足夠時間照顧父母。

　　如果我們把喬安娜的聚焦行動和塞利格曼的「PERMA」公式相結合，我們會看到以下內容：

- 正向情緒：透過明確行動實現目的，喬安娜感到更加樂觀，也更有能量向前邁進。
- 全心投入：喬安娜再次提升熱情與決心，準備為公司幹些大事，雖然面臨困難險阻，還是會繼續前進。
- 正向人際：她尋求伴侶的回饋意見，多多陪伴孩子和父母，同時也花費心力去發展團隊，讓喬安娜感覺再次和生命中最重要的人緊密相繫。
- 意義：喬安娜清楚地表示，如果要放著兩個寶貝在家，出外工作，那麼這份工作必定要有其意義，否則這一切

就太不值得了。

- 成就感：她在工作方面以目的來推動重大變革，確保她可以繼續實現多項目標。

▬▬▬▬▬▬▬

關於幸福生活要注意的是，千萬不要搞得太複雜。要同時兼顧足夠睡眠、正確飲食、經常運動、冥想靜坐、有時間思考和陪伴家人親友，還要撥出時間來讀書、休閒度假，完成工作中真正重要的任務，該做的事情說都說不完，這可真是會讓人忙死！不過我們有一套簡單工具，給幸福生活一個機會：幸福轉輪。

請各位在紙上畫個圓圈，再依序執行以下步驟：

1. 哪些事物支撐著你的幸福生活？把這些重要元素寫在轉輪上。
2. 以一到十的分數，標記自己目前各項元素的得分（一表示幸福感最低；十表示最高）。
3. 再標出你希望在六個月以後可以達到的位置。
4. 你認為自己必須做些什麼，才能讓你朝著正確方向前進？

5. 可能會有哪些障礙？

6. 你準備採取哪些步驟？

　　這個簡單的差距分析可以讓你了解目前所處狀況，並且看到自己必須做些什麼才能夠擁有美好未來。完成自己的幸福轉輪以後，關鍵是要先退後一步，問問自己：要做哪些事情才能最大幅度地提升幸福感？下頁就是我最近的幸福轉輪。

　　我運用幸福轉輪進行反省，發現有幾大項進展順利，但是在「目的」和「感謝和欣賞」還是有較大差距。儘管我時時以目的為念，但在意識層面上還是要讓自己的所做所為與目的相連結。至於感謝和欣賞也是一樁挑戰！雖然我很清楚一些原則，例如即時鼓勵、實質回報，但我一開始還是會先注意到那些別人沒做好的事情，也常常在抱怨方面浪費許多時間。這對我自己的幸福當然會有不利影響，也消耗掉我太多精力。透過這些認識，我就可以採取確實的步驟，更堅持以目的為導向，看到應該感謝和欣賞的事例就記錄下來，讓它成為一種自覺的行為。

　　明確理解幸福對你的意義，專注在那兩三個最具效果的要項，就能提升多方面的幸福感。

幸福轉輪

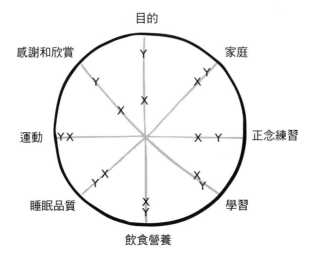

目的

感謝和欣賞　　　　　　　家庭

運動　　　　　　　　　　正念練習

睡眠品質　　　　　　　　學習

飲食營養

目前狀況＝X
未來結果＝Y

9. 經營家庭

家庭不是你的目的，卻是目的之絕大表現

———————

　　當我問到目的時，很多人一開始會談到家庭。事實上，很多人的回答都跟家庭有關，像是讓家人過最好的生活、讓家人得以發揮潛力，讓全家幸福快樂等。我也知道家庭可以帶來何等力量，但是家庭並不是個人的核心目的。現今社會離婚率高達 42％，很多人都覺得自己沒有足夠時間、精力和努力奉獻給家人，因此我們必須學會把自己的目的和家庭相互結合。在這方面沒有簡單的答案，每個人都必須去尋找適合自己的解決方案，經由實現目的才能帶來不同結果。

約翰在一家大型零售商服務，馬上要升遷進入執行委員會。他在過去二十年辛勤不輟，努力向上爬，終於敲開了大門。但現在有個大問題。他的兩個孩子才都十來歲，為了職涯更進一步必須犧牲更多陪伴家人的時間，讓約翰很感猶豫。他知道執行階層必須花費更多時間在公司，要開更多會議，也要承擔更大責任。我建議他找太太一起深入探索。慶幸的是約翰的太太對於這個提議並不反對，所以我們在享用午餐後，特別安排了幾個小時來討論。

　　約翰已經明確自己的目的：「創造最充實的人生」。當他把握時間善用每一刻時，他會處於最佳狀態，能量充滿，做起事來順利穩當。飯後我們和他太太卡門開始會談，分享她與約翰共同生活的經驗，結果她描繪出的是一幅好壞參半的景象。當約翰能夠實現目的時，他開放、溫和、風趣又可愛，像個宴會上的主角和靈魂人物。但要是他做不到這一點，他情緒低落、脾氣暴躁、心不在焉又畏怯退縮。卡門願意支持約翰對未來做出的任何決定，但對家人們來說，最重要的是確保約翰能夠有更多時間去實現他的目的。

獲悉家人感想之後，讓約翰緩下腳步。他的注意力從單純地在企業階梯上努力攀爬，轉移到是否該以家庭為優先。他談到自己的父親一向沉迷於工作而忽略家人，而現在他似乎也正步上父親的腳步。約翰發現自己並不想再重覆父母親的經歷，但還不確定自己應該採取哪些行動。

　　我請他們從目的出發，去思考自己該做出什麼決定。卡門也明確自己的目的：熱心培育他人，讓他們表現出最佳自我。如果他們兩位可以把目的結合起來，培育他人，創造最充實的人生呢？由此展開一場不一樣的對話，他們開始可以想像未來，挑戰自己，更深入探索如果他們的婚姻和家庭也能實現目的會是何種景況。

　　我鼓勵他們再多花點時間一起探討這個問題，而且讓孩子們也一起參與討論。我非常相信家庭會議的價值，大家每個月都應該撥出大約一小時的時間，聚在一起聊一聊，彼此了解近況，談談家裡頭的重要事務。我對家庭會議的建議是：

1. 家中每個成員都有時間表達自己的感受，包括他們想要什麼、希望彼此得到什麼樣的支持。

2. 大家互相交換聽聞的訊息。

3. 家庭成員確認自己獲得的支持，並提出其他支持的要求。

4. 家庭成員提出自己的觀點和看法。

5. 家人們相互傾聽，把彼此的話聽進心裡，再繼續一起共同生活。

　　約翰和卡門向孩子們說明這些想法後，也發現自己更加了解兩個兒子想要什麼。這兩個孩子都表示，他們都很喜歡跟心情愉快時的爸爸在一起，而且他們也都希望爸爸在工作中感到快樂。

　　經過家人提出的深入觀察，約翰和直屬上司進行了成效豐富的對話，更全面理解管理階層的實際狀況。後來知道，約翰確實受到高層青睞，內定為執行委員會的繼任人選，但如果他決定關前勒馬，公司也沒意見。我鼓勵約翰用九十天來調整心態，接納自己即將成為執委會成員的事實，這表示他要對整個公司的營運進行通盤考量，不能只是挖東補西的急就章，同時也要更注意自己在領導層面的影響力。我還建議他要信守對於家人的承諾，在家裡也要創造最充實的家庭生活。結果約翰發現自己獲得更多活力和能量，更充分把握當下，對身邊的家人親友和同事，都成為一個更好的人。這表示他現在不但能在職涯上獲得進

展，同時也能夠滿足家人的期望。

　　把家庭和目的結合在一起，就是人生送你的非凡大禮。它會滋養你的身心，提供莫大支撐，當工作和家庭出現衝突時，不管是多大的障礙，它都能幫助你做出艱難的決定。說到底，目的領導會帶來完全不同的視角，你才能在工作、生活和人際中實現真正的自己。

結論
生命送給我們的最佳大禮

———————

　　目的，對於我們在現今社會中力求成長，非常重要。各位跟我走完這趟旅程，相信大家對此都有全新的認識。

　　在這個紛紛擾擾充滿雜音的環境中，你個人的目的就是人生定錨，它會提供意義和明確的關注點。個人目的就是你人生的理由，是它在激勵和指導你的生活。這個深刻信念讓你知道哪些事物最重要，同時也塑造出你的心態、行為和行動。

　　在此重覆目的提供的七大好處：

1. 目的會讓你充滿能量

2. 目的會增強你的韌性和抗壓性

3. 目的會幫助你做出最大發揮

4. 目的讓你的創意左右逢源

5. 目的點燃你的熱情

6. 目的帶來激勵和啟發

7. 目的和你的真實自我相連結

　　發現目的之關鍵是，保持開放心態，要有足夠的好奇心，而且樂意為自己探索真實。我們在探索團隊、企業組織甚至是家庭目的時，也是如此。先找到自己在哪些時間呈現最佳狀態，最充實、最自在且靈感充溢，再連結到自己冀求創造成果、增加價值、服務與奉獻的初衷動力。

　　實現目的要從審慎設定意圖開始，讓你的工作、生活和人際交往以目的為導向。之後透過一整套的技巧，激勵啟發他人的認同和參與，經由傾聽和連結溝通，引導大家把最好的一面表現出來。

　　終究來說，人生太短暫，生命中不是只有工作而已。領導，不僅僅是跟職位有關。職場生涯，也不只是為了升官發財。物質生活的豐富雖然讓你過得更舒適，但只是這樣並不能帶來充實。金錢也許可以讓你更有品味地解決一

些問題，但它不會給你快樂。名聲讓你獲得關注，但不會有什麼持久的意義。

如果有什麼可以作為你的指路明燈，不管碰上多麼艱難的環境，也不管你飛得多高，它都能指引你向前，這樣會如何？如果有什麼能幫你站穩腳跟，面對任何困難和挑戰，即使一切順利時也能助你深度洞察，又是如何？如果有什麼明確架構，可以幫助你進行重大決策，管理工作和生活中的優先事項，那又是何種景象？

設定目的，就是打開人生激勵與意義的大門。發現自己的目的、遵循自己的目的，不管路途上碰上什麼阻礙，你都能安穩實在地踩踏在正軌之上。事實上，這個目的會賦予你強大能力去面對障礙，因為你因此擁有成長思維，也會有更大的韌性。你的目的會讓工作轉變為付出與服務的泉源，讓你得以真切融入其中。你的目的會培育出你自己的人際關係，提升溝通與連結的層次，和大家一起共享真實自我。你的目的會激勵你成為最佳領導者，從而激勵啟發大家。

身為人父，我一向都相信可以從孩子們身上學到很多東西。他們都有一種還沒被這個世界污染的智慧。我以前

曾問我八歲的兒子杰比迪說，他的目的是什麼。他閃閃發亮的眼睛看著我，問我目的是什麼。我試著向他解釋，這是生活中最重要的「原因」，是你每天願意起床上學、學習和成長的原因。他似乎還不是很了解，我們有了以下對話：

爸爸：那麼你平常最喜歡做什麼？

杰比迪：騎賽格威平衡車！

爸爸：為什麼呢？

杰比迪：因為很好玩啊。

爸爸：覺得好玩，開心嗎？

杰比迪：很開心！

爸爸：覺得開心，會怎樣呢？

杰比迪：我不知道。

爸爸：開心有什麼好處嗎？

杰比迪：覺得很棒！很興奮！

爸爸：興奮會帶來什麼感覺？

杰比迪：覺得生活很美好啊。

如果你的目讓你對生活感覺美好，你會怎麼做？你會更慷慨地付出、分享和奉獻嗎？如此一來，實現目的就會

變成一個良性循環：實現目的——付出給予——人生更充實——奉獻更多——更充分實現目的。

這趟目的之旅，會從你找到自己的真北開始，然後每天追隨著這個方向前進。然後，你也可以幫助他人找到和實現他們的目的，不管是你領導的團隊、你的孩子、你的朋友或者是你支持的家人。

了解和實現目的，讓你的視野清晰，解析度提升，生活中的機會將擴增至最大，對於自己選定的道路也會感受到信心和熱情。我們一旦紮根目的，就能茁壯成長，增加更多價值，從而回饋付出，讓這個世界變得更美好。

目的領導就是生命送給我們的最佳大禮，你現在就可以決定是否接受這項禮物，要不要好好地運用它。

目的架構模型

個人目的架構

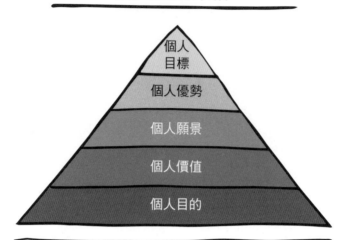

個人目的	這是激勵和啟發存在的理由。對於你認為最重要事物的深摯信念。它塑造出你的思維方式、行為模式和行動方針。它不會受到時間與空間的圍限,為你的生命提供意義和方向。
個人價值	驅動行為的堅定信念。價值觀源於塑造生活的重要事件和經歷等轉折點,你的一些最深刻的學習和結論即是來自這些經驗。
個人願景	振奮人心的未來遠景。願景讓你從此時此地邁出腳步,奮發向前,朝著你想要去的方向前進。
個人優勢	天賦和技能。你的優勢是你最擅長的,讓你得心應手,心流神馳。
個人目標	仔細描繪出成功的樣貌。目標讓你有明確的焦點,達成目標即是目的領導的結果。

團隊目的架構

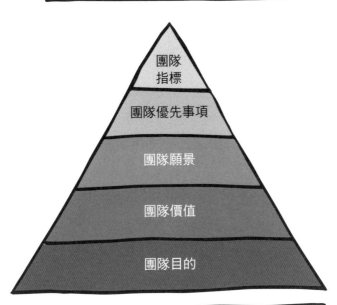

團隊目的	團隊存在的理由。明確表現出團結一致的因素。
團隊價值	決定團隊的行為模式。這是推動團隊行為的共同信念。
團隊願景	團隊想要實現的目標。激勵團隊奮發向上的重大夢想。
團隊優先事項	一至三年後的成功樣貌。是必須先專注於此的重要策略領域。
團隊指標	團隊衡量成功的指標,提升績效的具體目標。

組織目的架構

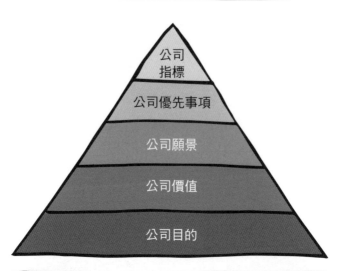

公司目的	公司存在的理由。明確闡述公司的本質,除了獲利賺錢之外還有什麼原因。
公司價值	決定公司的行為表現。全體成員共享的理念形成企業文化。
公司願景	公司想要到達何種境界。激發可能性的雄心壯志。
公司優先事項	一至三年後的成功樣貌。公司朝向願景發展的重要策略領域。
公司指標	公司衡量成功的指標。推升績效的具體目標。

延伸閱讀

我在追求目的領導的過程中，從以下書籍獲得極大的幫助：

1. 《*Dare to Serve: How To Drive Superior Results By Serving Others*》，作者：Cheryl Bachelder。

2. 《少，但是更好》（*Essentialism: The Disciplined Pursuit of Less*），作者：葛瑞格・麥基昂（Greg McKeown）。台灣譯本：天下文化，2018。

3. 《活出意義來》（*Man's Search for Meaning*），作者：維克多・弗蘭克（Victor E. Frankl）；台灣譯本：光啟社，2008。

4. 《*People with Purpose: How great leaders use purpose to build thriving organizations*》，作者：Kevin Murray。

5. 《*Spike. What Are You Great At?*》，作者：René Carayol。

6. 《先問，為什麼？啟動你的感召領導力》（*Start With Why: How Great Leaders Inspire Everyone to Take Action*），作者：賽門・西奈克（Simon Sinek）；台灣譯本：天下雜誌，2012。

7. 《*The Story of Purpose: The Path to Creating a Brighter Brand, a Greater Company*》，作者：Joey Reiman。

8. 《*Triggers: Sparking Positive Change and Making it Last*》，作者：Marshall Goldsmith。

9. 《領導的真誠修練：傑出領導者的 13 道生命練習題》（*True North: Discover your Authentic Leadership*）， 作者：比爾・喬治（Bill George）；台灣譯本：天下文化，2008。

10.《什麼時候是好時候：掌握完美時機的科學祕密》（*When: the Scientific Secrets of Perfect Timing*），作者：丹尼爾・品克（Daniel Pink）；台灣譯本：大塊文化，2018。

致謝

感恩就是目的之展現，我真心感謝大家：

感謝 LID Publishing 的出版團隊和我共同分享這本書的目的。謝謝：Martin Liu 的願景；Sara Taheri 的編輯才華；Shazia 對細節的關注；Matthew Renaudin 的設計靈感；Miro Iliev 的網站專業；Niki、Sam 和 Sangeeta 的行銷技術。

感謝 Cambridge Jones 的獨特眼光，在專業攝影中把握每個人物的精髓。謝謝 Eg White 以卓越創意為我拍照。

非常感謝我的客戶，是他們提供機會，讓我探索意義、實現目的領導：

希斯洛機場支持「目的領導與價值」課程的所有領導人：Andrew Macmillan、Becky Ivers、Brian Woodhead、Carol Hui、Emma Gilthorpe、Fiona Tice、Javier Echave、John Holland-Kaye、Jonathan Coen、Matt Gorman、Normand Boivin、Paula Stannett、Pauline Hart、Phil Wilbraham、Ross Baker。

洲際飯店集團支持「目的領導」課程的所有領導人：Andy Cosslett、Angela Brav、Christophe Laure、Craig

Eister、David Cohen、Elie Maalouf、Eric Pearson、Jan Smits、Jean-Jacques Reibel、Jolyon Bulley、Heather Balsley、Keith Barr、Karin Sheppard、Kirk Kinsell、Laura Miller、Oliver Bonke、Richard Solomons、Rob Shepherd、Stephen McCall、Tracy Robbins、Will Stratton-Morris、Zareena Brown。

洲際飯店集團業主協會支持目的領導的歷任主席：Allen Fusco、Bill DeForrest、Buggsi Patel、Deepesh Kholwadwala、Kerry Ranson、Steve Ehrhardt、Tom Corcoran。也感謝洲際飯店集團自動化部門執行長 Don Berg 支持這一趟探索。

感謝英國航空交通服務控股公司（NATS）的 Julie Elder 和 Martin Rolfe 發展出以目的為導向的團隊。

感謝森寶利集團愛顧商城（Sainsbury's Argos）的 Sian Evans，你有驚人能力讓大家發揮最大優勢，倡導價值領導。

非常感謝我生活中這幾位鼓舞人心的企業家，他們把目的轉化為偉大事業，做出絕佳示範：My Hotels 集團創辦人兼董事長 Andreas Thrasy；Blue River 集團創辦人兼聯

合執行長 Grant Fuzi；Planet Organic 公司創辦人 Renée Elliott；Yo! Sushi 公司創辦人 Simon Woodroffe。

感謝和我一起分享目的之商業夥伴：The Alexander Partnership 公司的 Graham Alexander、Philip Goldman 和 Mike Manwaring；Elaine Grix 公司的 Elaine Grix；The Happiness Project & Success Intelligence 公司的 Avril Carson 和 Robert Holden 博士；Human Systems 公司的 Deborah Tom；Peak Performance International 公司的 Linley Watson。

感謝 Speakers Associates 組織創辦人 Cosimo Turroturro 的理念與專業；Patrick 與 Esther Nelson 的堅持目的不放鬆；倫敦商業論壇創辦人 Brendan Barns 的熱情指導。

感謝為我工作帶來激勵啟發的思想界領袖：Adam Grant、Bob Mandel、Cheryl Bachelder、Daniel Goleman、Daniel Pink、Deepak Chopra、Greg McKeown、Marianne Williamson、Marshall Goldsmith、Martin Seligman、Oprah、Seth Godin、Sondra Ray、Dr Stephen Covey、Tony Robbins、Victor Frankl。

感謝一直鼓勵我的好朋友：Mike Mathieson 和 Martin Stapleton。

感謝父親 Peter Renshaw 的目的、激情和同情心！感謝已故母親 Virginia Renshaw 無私的愛和支持。感謝姊姊 Sophie Renshaw，勇敢無畏地追隨目的。

最重要的是，我要感謝我太太 Veronica，她的愛、創造力和智慧一直滋潤著我，也要謝謝我家三個神奇小子 India、Ziggy 和 Zebedee，他們正是我此生目的之終極展現。

有方之度 006

目的
————————— 如何讓目的更明確，成為人生與組織最重要的驅動力

作者　班恩·倫索｜譯者　陳重亨｜社長　余宜芳｜副總編輯　李宜芬｜封面設計　陳文德｜內頁排版　薛美惠｜出版者　有方文化有限公司／ 23445 新北市永和區永和路 1 段 156 號 11 樓之 2　電話—(02)2366-0845　傳真—(02)2366-1623｜總經銷　時報文化出版企業股份有限公司／ 33343 桃園市龜山區萬壽路 2 段 351 號　電話—(02)2306-6842｜印製　中原造像股份有限公司——初版一刷 2019 年 5 月｜定價　新台幣 330 元｜版權所有‧翻印必究——Printed in Taiwan

PURPOSE: The extraordinary benefits of focusing on what matters most
by Ben Renshaw
Copyright© Ben Renshaw, 2018
Copyright© LID Publishing Limited\, 2018
Copyright licensed by LID Publishing Ltd.
arrangement with Andrew Nurnberg Associated International Limited
ALL RIGHTS RESERVED
Printed in Taiwan

ISBN：978-986-96918-8-8

目的：如何讓目的更明確，成為人生與組織最重要的驅動力 / 班恩．倫索 (Ben Renshaw) 著；陳重亨譯 . -- 初版 . -- 新北市：有方文化，2019.05
　面；　　公分　(有方之度；6)
譯自：Purpose : the extraordinary benefits of focusing on what matters most
ISBN 978-986-96918-8-8(平裝)

1. 企業領導　2. 職場成功法

494.2　　　　　　　　　　　　　　　　　　　　　　　　　　　　108005835